Slow-Scale Dynamics of One-Cycle Controlled Converters

马 伟 ● 著

单周期控制变换器慢时标动力学

西南交通大学出版社
·成都·

图书在版编目（CIP）数据

单周期控制变换器慢时标动力学 / 马伟著. —成都：
西南交通大学出版社，2015.8
ISBN 978-7-5643-4128-2

Ⅰ. ①单… Ⅱ. ①马… Ⅲ. ①功率变换器 – 时标 – 动力学 – 研究 Ⅳ. ①TW761

中国版本图书馆 CIP 数据核字（2015）第 180849 号

单周期控制变换器慢时标动力学
马 伟 著

责 任 编 辑	黄淑文
封 面 设 计	何东琳设计工作室
出 版 发 行	西南交通大学出版社 （四川省成都市金牛区交大路 146 号）
发 行 部 电 话	028-87600564 028-87600533
邮 政 编 码	610031
网　　　　址	http://www.xnjdcbs.com
印　　　　刷	成都中铁二局永经堂印务有限责任公司
成 品 尺 寸	170 mm × 230 mm
印　　　　张	7.5
字　　　　数	127 千
版　　　　次	2015 年 8 月第 1 版
印　　　　次	2015 年 8 月第 1 次
书　　　　号	ISBN 978-7-5643-4128-2
定　　　　价	30.00 元

图书如有印装质量问题　本社负责退换
版权所有　盗版必究　举报电话：028-87600562

前　言

在科学界有句名言：世界的本质是非线性的。人们认识自然的过程经历了从简单到复杂、从单变量到多变量、从线性到非线性的发展阶段。作为电气工程的一个方向，功率变换器有着同样的发展过程。

功率变换器是典型的非线性系统，会表现出非线性系统特有的分岔和混沌等现象。由于这些非线性现象会使得变换器的正常运行受到影响，破坏其安全工作，所以要深入分析这些非线性现象发生的原因，认识它们的特点。过去二十多年的研究主要集中于各种线性控制的功率变换器中的非线性动力学行为，而对非线性控制的功率变换器中的非线性动力学行为则知之甚少。在功率变换器的非线性控制方法中，单周期控制是一种应用非常广泛的方法。

单周期控制 Buck 和 Boost 变换器是两种最基本的变换器拓扑结构。本书从这两种变换器开始，研究了多种单周期控制变换器的非线性行为。首先，建立了单周期控制 Buck 变换器的采样数据模型，对其进行分析。通过对单周期控制 Boost 变换器的分析，基于平均模型，提出了采用 washout 滤波器消除分岔的方法。其次，讨论了单周期控制 Cuk 变换器，提出了采用 washout 滤波器的方法来稳定变换器，利用输入级电容电压作为 washout 滤波器的输入消除分岔。再次，研究了单周期控制 Boost 功率因数校正（PFC）变换器的慢时标分岔现象。利用双平均方法和谐波平衡法建立了描述单周期控制 Boost PFC 变换器动力学行为的直流分量模型、一次和二次谐波分量模型。通过对这些模型平衡点的分析和合理的假设，分析了主要电路参数的稳定工作范围。接着提出了采用 washout 滤波器控制平均电流模式控制 Boost PFC 变换器中的慢时标倍周期分岔。

本书的主要分析方法其基础在参考文献中可以得到详细过程，如果需要可以仔细阅读相关文献。非常感谢西南交通大学出版社编辑老师为本书付出的辛苦劳动。本书的工作得到了国家自然科学基金的资助，在此特表感谢。

功率变换器的非线性动力学发展很快，其分析方法层出不穷，应用领域也越来越广泛。本书只是对单周期控制变换器这种非线性控制变换器进行简要总结，内容有很多不足之处，诚恳希望读者提出批评建议。

作 者
2015 年 7 月

目 录

1 功率变换器非线性动力学概貌 ·· 1
2 单周期控制 Buck 和 Boost 变换器中的非线性现象 ································· 8
 2.1 引言 ·· 8
 2.2 功率变换器中的 Filippov 方法 ·· 8
 2.3 单周期控制 Buck 变换器稳定性分析 ·· 17
 2.4 单周期控制 Boost 变换器分岔现象分析及其控制 ································· 19
 2.5 本章小结 ·· 31
3 单周期控制 Cuk 变换器中的分岔分析及其控制 ······································· 33
 3.1 引言 ·· 33
 3.2 单周期控制 Cuk 变换器及其模型 ·· 33
 3.3 单周期控制 Cuk 变换器分岔分析 ·· 36
 3.4 单周期控制 Cuk 变换器分岔控制 ·· 40
 3.5 单周期控制 Cuk 变换器分岔与分岔控制实验研究 ································· 45
 3.6 本章小结 ·· 48
4 单周期控制 Boost 功率因数校正变换器中的分岔现象分析 ······················· 49
 4.1 引言 ·· 49
 4.2 单周期控制 Boost 功率因数校正变换器模型 ··· 50
 4.3 单周期控制 Boost 功率因数校正变换器稳定性分析 ······························ 55
 4.4 单周期控制 Boost 功率因数校正变换器稳定边界分析 ·························· 58
 4.5 本章小结 ·· 62
5 平均电流模式控制 Boost 功率因数校正变换器中的慢时
 标倍周期分岔控制 ·· 63
 5.1 引言 ·· 63

5.2 平均电流模式控制 Boost 功率因数校正变换器中的
慢时标倍周期分岔现象……………………………………64

5.3 平均电流模式控制 Boost 功率因数校正变换器中的
慢时标倍周期分岔控制……………………………………69

5.4 电路参数变化对分岔控制的影响……………………………80

5.5 两级功率因数校正变换器的分岔控制………………………83

5.6 本章小结………………………………………………………88

6 单周期控制 Cuk 功率因数校正变换器中的分岔现象分析……90

6.1 引言……………………………………………………………90

6.2 单周期控制 Cuk 功率因数校正变换器原理及模型…………90

6.3 单周期控制 Cuk 功率因数校正变换器分岔现象……………97

6.4 本章小结………………………………………………………101

参考文献……………………………………………………………102

1 功率变换器非线性动力学概貌

功率变换器的应用非常广泛,在工业、交通、通信、消费类电子产品中都有大规模的使用,它是非常重要的基础设备。电力电子技术是在 20 世纪后半叶发展起来的一门技术,它以晶闸管的出现为标志,伴随着现代电子工业的发展而飞速地成长起来。对功率变换器的研究一直是以实际应用为驱动的,最早的降压变换器等简单变换器在广泛应用后,才从控制理论的角度对其进行精确分析。在这之后提出的各种新型拓扑结构和新型控制方法,也都是建立在实际使用场合需求基础之上的。电力电子变换器中的功率器件一般工作在开关状态,而电容和电感等器件一般工作在线性工作状态,这使得电力电子变换器成为分段线性系统或分段光滑系统。虽然人们早已认识到变换器的这种非线性特性,但是在电力电子技术发展的初始阶段,工程师在设计中所采用的方法一般都是基于传统的线性分析方法,由此得出的结果在大多数场合也得到了验证。随着工业技术的发展,对变换器的运行条件要求越来越严格,比如,要求变换器的体积更小,变换效率更高,响应更快,运行更加可靠,等等。这些要求对变换器的设计提出了挑战。当设计人员按照以往的方法设计出变换器后,经常能观察到变换器出现许多奇特的现象,这些现象在以变换器的线性模型为基础所进行的分析中根本无法预测出来,其原因在于上面所述,即大多数变换器属于非线性系统。对于非线性系统来说,除了稳定运行情况之外,还可以表现出倍周期分岔、准周期、边界碰撞分岔、间歇性分岔等复杂的现象。这些现象很难从变换器的线性模型中预测出来,但是它们又对变换器的运行产生了很多影响,比如增加了开关器件的应力、降低了变换效率、降低了变换器运行可靠性、引起变换器系统崩溃,等等。而实际应用又对变换器提出严格的运行条件,需要准确判断变换器的运行状态,因此,对变换器的非线性现象进行分析有重要的实际价值。这些分析有助于设计人员充分了解变换器可能出现的工作状态,准确预测变换器的运行,在设计过程中识别确保变换器稳定运行所需各种参数的选择范围,缩短设计过程所需的时间。同时，对变换器非线性工作状态的深入研究，有助于设计人员更全面把握变换器的工作，在这个基础上，提出变换器新的运行方式，利用变换器的非线性工作状态，提升变换器某些性能。因此，对变换器非线性动力学的研究，不但在理论上有重要意义，而且在工程上有重要价值。正因如此，自从 20 世纪八九十年代以来，变换器的非线性动力学研究成为电力电子技术方面的一个重要研究分支。

如前所述，早期电力电子工程师进行设计的基础是电力电子变换器的小信号模型，这些模型的理论基础框架是传统的线性系统分析和控制方法。而对变换器的非线性现象进行研究则需要建立在非线性系统分析方法之上。正是由于引入了非线性系统的研究方法，才使得电力电子变换器的非线性动力学分析能够开展起来。因此，在介绍电力电子变换器非线性动力学分析的研究现状前，有必要先简要介绍非线性系统的一些相关研究历程。

从数学家 Poincare H. 开始，人们就进行动力系统的研究。在非线性系统动力学研究方面，1963 年，Lorenz E. N.在研究天气现象时因为偶然的机会发现了第一个奇异吸引子[1]。数学家 Li T. Y. 和 Yorke J. A. 正式引入了"混沌"这一术语[2]。从那时起，非线性科学在理论和实际中都得到了快速的发展。非线性总是和分岔、混沌联系在一起。这些现象在机械、电力系统、大气科学、通信系统、生物界等许多方面都得到了验证。许多领域的学者从各自研究对象出发，进行了大量研究，促进了人们对非线性现象的理解和对非线性系统的掌握。

在线性系统中，解的数目不随系统中参数的变化而变化。而在非线性系统中，某些参数变化时，解的形式和数目会发生变化，这个参数值就叫作分岔点。分岔研究的目的就是确定分岔点的位置，确定分岔解的类型、方向和数目，判定分岔解的稳定性，研究分岔的过程等。非线性系统中的分岔可以分为静态分岔和动态分岔。系统解的数目随参数的变化称为静态分岔，而其中向量场或者流的拓扑结构随参数变化称为动态分岔。静态分岔包括鞍结分岔、叉形分岔、跨临界分岔。动态分岔包括环面分岔、同宿和异宿分岔、闭轨分岔、Hopf 分岔等。分岔还可以分为局部分岔和全局分岔：参数变化引起向量场局部拓扑结构的变化称为局部分岔，若引起向量场全局拓扑结构的变化则称为全局分岔[3]。

混沌是非线性系统所特有的一种运动形式，它的定常状态不是通常概念下的确定性运动的静止、周期运动或者准周期运动，而是一种局限于有限区域且轨道永不重复、性态复杂的运动。混沌具有这些特征：初值敏感性、有界性、遍历性、分维性、普适性等[3]。

在电力电子技术发展的初始阶段，虽然认识到功率变换器是非线性系统，但是由于方法的限制，人们仍然按照线性系统理论对变换器进行分析。由于在变换器运行过程中，一个周期内总是存在多个不同的子区间，变换器在每个子区间的结构不一定完全相同，所以必须应用平均的方法先对变换器进行建模。然后通过线性化的方法得到变换器的小信号模型，实际上小信号模型反映了变换器在平衡点处线性化的过程，因此虽然可以利用线性系统的方法对得到的模型进行分析，但是不能用它来预测开关频率尺度上的分岔和混沌等非线性现象。对于得到的小信号模型，只能利用它来研究扰动较小情况下的运行，对于扰动较大等情况，这些模型无能为力。

实际上，可以使用多种模型对电力电子变换器进行分析。可以根据系统的结构和开关器件的工作状态、工作时间推导出分段光滑微分模型，然后采用数值分析的方法研究变换器的运行，这种方法很难得到变换器的解析解，所以对变换器的定量分析和设计用处有限。也可以采取上述的平均方法，对变换器每个工作周期内的状态进行加权平均，也就是状态空间平均法，这样得到的模型比较简单并且不包含时变参数，电力电子工程师很容易利用线性系统的理论对它进行分析。但是由于建模过程中进行了平均，所以这种方法不能预测开关频率尺度上的非线性现象。

要预测开关频率尺度上的非线性现象，目前最常用的是采样数据模型或者离散映射模型。Poincare H. 在分析动力系统时最早提出了采用映射的方法，这样能够使得系统的维数降低一维。电力电子变换器是分段光滑系统，对于这样的系统来说，使用采样数据模型是一个很自然的选择[4]。根据采样点的不同，离散映射模型又可以分为几种：频闪映射、异步映射、同步映射和成对切换映射[5]。频闪映射模型的采样点间隔就是开关周期，因此这种模型的采样时刻在每个开关周期内是固定不变的，而异步映射和同步映射的区别则是根据采样点对于开关时刻而言的。离散模型的优点在于能够同时预测变换器运行过程中的快时标和慢时标两种动力学行为。虽然计算比较复杂，但是它能够准确确定变换器系统的不动点或平衡点以及变换器的占空比，所以是一种比较精确的模型。目前，无论在 DC-DC 变换器、AC-DC 变换器还是 DC-AC 变换器中，这种模型都在分析非线性现象中起到了重要作用。

下面回顾一下电力电子变换器的非线性现象分析和控制的历程。

最早得到研究的是 Buck 变换器中的非线性现象[6-7]，在这些早期的文章中，采用的方法都是近似的方法，得到的结论和实际电路运行有比较大的出入，但是它们指明了对变换器非线性现象进行分析的方向。从这时候开始，各种不同的变换器拓扑成为了研究的对象。发现的非线性现象有：工作在电感电流断续模式下的 Buck 和 Boost 变换器中的倍周期分岔现象[8,9]，电流模式控制 Buck 和 Boost 变换器中的准周期和倍周期行为[10,11]，电压型 Buck 变换器中混沌吸引子共存现象[12]，寄生参数对分岔点的影响[13-16]，PWM-1 型控制的变换器中的分岔[17]，比例控制电压型 Boost 变换器中的 Hopf 分岔[22]，比例积分控制电压型 Buck 变换器中的准周期运行[22]等。

在一般的非线性系统中，分岔通向混沌的路径有倍周期无限叠加、多种类型的间歇性分岔、环面破裂等类型[60]，而在电力电子这类典型的分段光滑系统中，还存在一种称为"边界碰撞"分岔的新型分岔[18-29]。在文献中，一般把以前所研究的分岔划为标准分岔，而把边界碰撞分岔这种新型分岔划为非标准分岔。已有研究表明，电力电子系统中的饱和非线性是引起边界碰撞分岔的根本原因。在分析边界碰撞分岔的多种方法中，符号序列分析法是判定系统是否发生边界碰撞分岔的有效方法[26]。

除了独立运行的变换器，并联运行的变换器也存在多种类型的非线性现象[51-57]。由于分布式电源系统广泛使用在各种工业和民用场合，所以研究并联运行的变换器的非线性动力学行为也有重要意义。和独立变换器相比，并联变换器中包含一些新的电路参数，比如其中的电流分配系数，使得并联变换器表现出不同于独立运行的变换器的非线性动力学行为。

除了以上的低阶变换器，对于高阶变换器，如四阶 Cuk 变换器、SEPIC 变换器等的非线性动力学行为也都有文献进行了研究[48],[49]，由于这些变换器当中各个参数之间的耦合关系远比低阶变换器复杂，所以它们表现出的分岔和混沌现象比低阶变换器更加丰富。

近年来，对电力电子变换器中的非线性现象分析已经从简单 DC-DC 变换器拓展到其他类型变换器，在逆变器中也观察到分岔和混沌现象，对双向变换器中的非线性分析也有报道[68-70]。

从分岔所表现的时间尺度来看，以上这些变换器中的分岔现象可以分为慢时标分岔和快时标分岔两种。快时标分岔指的是发生在开关频率尺度上的分岔，如开关频率尺度上的倍周期分岔等。慢时标分岔指的是 Hopf 分岔等振荡周期比开关周期大得多的分岔[67]。

还有一类变换器中的非线性分析值得关注，那就是功率因数校正（PFC）变换器中的分岔和混沌现象[72-92]。PFC 变换器把交流电转换为大小可调节的直流电，同时使得功率因数接近 1。PFC 变换器的使用非常广泛，而且有标准的集成电路可以作为控制芯片，对 PFC 变换器中的非线性现象进行研究不仅有利于电路的设计，而且在新型拓扑结构和控制方式方面也有可能取得进展。从拓扑结构来说，可以有多种拓扑用在 PFC 变换器中，目前比较常用的是 Boost 结构。控制方式有两种，峰值电流模式和平均电流模式控制，由于峰值电流模式控制引起的功率因数低、对噪声敏感等原因，所以平均电流模式控制应用得更广泛。平均电流模式控制的 PFC 变换器表现出两种工作频率：其一是开关器件的工作频率，这个频率通常为几百千赫兹左右；其二为输入交流电频率，这个频率只有几十赫兹。PFC 变换器中的非线性现象表现为三种：第一种是开关频率尺度上的非线性现象，称为快时标不稳定现象，常见的有开关频率尺度上的倍周期分岔和混沌等。第二种是线频率尺度上的不稳定现象，称为慢时标不稳定现象，主要指线频率尺度上的倍周期分岔和混沌。第三种是在线频率尺度上发生的 Hopf 分岔（或 Neimark-Sacker 分岔），这种分岔所引起的振荡频率介于开关频率和线频率之间，一般称为中尺度不稳定或者中频振荡。这些分岔也都有可能进一步演化从而表现出混沌行为。

基于以上这些对变换器中的非线性现象的认识，借鉴非线性动力学中的分岔和混沌控制的方法，人们对多种类型的变换器进行了分岔和混沌控制的研究[93-111]。这些控制的目的在于消除分岔和混沌，或者延后分岔点的位置等。这些控制都是为了使变换器工作在更有利的状态，表现出良好的工作特性。常用的混沌控制方法分为两大类：反馈控制和非反馈控制。非反馈控制无需对变换器的状态进行采样，它只是在变换器的参数中加入一个附加量，这个附加量的形式可以是多种多样的，比如利用正弦波扰动控制变换器中的混沌，其附加量就是一定幅度和频率的正弦波。反馈控制需要对变换器的状态进行采样，把采样值反馈到变换器中，根据变换器的常用结构，这里有两个位置可以用来反馈采样值，一个是变换器的主电路，即功率电路，另一个就是变换器的控制电路。变换器控制电路产生的信号，经过触发电路来控制开关器件，控制电路的功率比主电路小得多，所以把采样值反馈到控制电路优点更多一些。非线性动力学研究中混沌控制的常用方法，比如 OGY 方法、连续变量反馈方法、时间延迟方法、自适应控制等，都可以用在变换器的混沌控制中。最常见的一个例子就是在峰值电流模式控制的 Boost 电路中，当占空比大于 0.5 时，会出现次谐波振荡，而电力电子工程师采用的斜坡补偿其实就是一种 OGY 方法[96]。

如果在没有出现混沌的变换器中通过控制使其发生混沌现象，利用此时频谱扩展的效果，就有可能降低电磁干扰，从非线性动力学方面来说，这就是混沌反控制。目前采用这种方法提高变换器的 EMC 等性能也是研究的一个方向[102-111]。

同样地，由于 PFC 变换器中出现的非线性现象引起变换器性能下降，功率因数降低，所以有必要对 PFC 变换器进行分岔与混沌的控制。对 PFC 变换器快时标分岔，目前常采用斜坡补偿的方法[85]。和快时标分岔相比，由于 PFC 变换器中的慢时标分岔对功率因数的影响更大，所以对慢时标分岔的控制更重要[89,90]。

当前，通过二十多年对变换器非线性现象分析和控制的研究，人们已经形成了许多有效的分析方法，提出了许多合理的分析工具，形成了许多有用的研究成果。无论国内还是国外，对这方面的研究都在深入进行，研究的变换器拓扑结构越来越广泛，也越来越实用，研究的对象越来越面向工业场合，更加重视非线性现象分析在设计阶段的应用，因为这样能提高设计效率，避免浪费过多的设计时间。通过对非线性现象的分析所提出的控制分岔和混沌的方法，也有助于设计人员提升变换器性能，或者发展出新的拓扑结构和控制方法，从而极大促进电力电子技术的发展。总之，对于电力电子变换器非线性现象的分析和控制的研究，在理论和工程实践上都有重要意义，在本学科未来的研究中也是一个非常重要的分支领域。

虽然国内外对线性控制的功率变换器中的非线性现象研究比较广泛，形成了许多有用的结果，但是线性控制方式只是功率变换器控制方式中的一种，除了线性控制方式外，还有很多非线性控制方式也在功率变换器中得到了应用。功率变换器本身是非线性系统，采用非线性控制方式来控制功率变换器，可以得到许多比线性控制更好的性能。单周期控制就是一种非线性控制方式[112-115]，这种控制方式自被提出以来，便得到了迅速的应用。单周期控制的原理在于变换器这种分段线性系统稳定工作时，其状态变量在每个开关周期内的平均值是一个固定值。因此，可以通过可复位积分器来对某个变量进行积分，当积分值达到所需要的数值（即稳态值）时，改变功率器件状态，使得这个变量在余下的时间段内为零，从而实现在一个开关周期内使得此变量的平均值和设定值相同的目的。单周期控制方式实现起来比较方便，其核心是可复位积分器和 RS 触发器，它们都属于常用器件。单周期控制的优点是在一个开关周期内实现对输入扰动的抑制，这种特性使得它在功率变换器这种输入扰动非常多的系统中得到了广泛应用。目前对这种非线性控制的功率变换器中的非线性动力学行为研究较少，由于非线性控制和线性控制有着本质的不同，所以非线性控制的变换器也会表现出和线性控制变换器不同的非线性现象，研究这些现象对于理论的完备有重要意义，对实际电路的设计有重要的指导作用。

2 单周期控制 Buck 和 Boost 变换器中的非线性现象

2.1 引言

单周期控制是 20 世纪 80 年代提出的一种电力电子变换器的非线性控制方法[112]。单周期控制的理论基础是变换器在稳定工作时，每个状态变量的平均值都有固定的值，这样可以对所选取的状态变量进行积分，然后和设定值进行比较，从而实现对变换器的正确控制。单周期控制的优点是没有稳态误差和动态跟踪误差，电路实现也比较简单，能够在一个开关周期内消除输入扰动。因此在二十多年间这种方法得到了广泛应用。

单周期控制的 Buck 和 Boost 变换器是两种基本的变换器，对这两种变换器的非线性现象进行分析，有助于理解变换器的工作过程，可以有效地确定电路参数范围。本章将借助采样数据模型，对这两种变换器的非线性现象进行分析。并对单周期控制 Boost 变换器中的 Hopf 分岔进行控制，从而消除分岔，达到稳定变换器的目的。在进行分岔控制的研究中，采用的是变换器的平均模型。本章对采样数据模型和平均模型进行了简要对比。

2.2 功率变换器中的 Filippov 方法

常见的功率变换器是典型的分段光滑系统，对于这样的系统，目前分析非线性现象时经常采用离散映射模型（即采样数据模型），然后通过离散映射模型求系统的不动点，并求出在不动点处的 Jacobian 矩阵，再通过 Jacobian 矩阵的特征根变化情况，判断电路发生分岔的类型。在求取 Jacobian 矩阵时，传统的方法要通过变换器主电路和控制电路的离散映射模型，应用隐函数导数定理来求 Jacobian 矩阵。对于变换器这种分段光滑系统来说，Filippov 方法是一种求取 Jacobian 矩阵比较简洁的方法。本节先对这种方法进行介绍和分析。

2.2.1 传统的推导 Jacobian 矩阵的方法

功率变换器由主电路和控制电路组成,如图 2.1 所示。这里以电感电流连续模式为例进行说明。在一个开关周期中,主电路有两个状态,分别表示为 S_1 和 S_2,每个状态的方程描述如图中所示;x 表示变换器状态变量,$x \in \mathbf{R}^N$;矩阵 A_i、B_i 和 E_i 由变换器拓扑结构决定,$A_i \in \mathbf{R}^{N \times N}$,$B_i \in \mathbf{R}^{N \times 1}$,$E_i \in \mathbf{R}^{1 \times N}$;$y$ 表示反馈信号,$D \in \mathbf{R}$,v_s 表示电源,v_r 表示参考电压。

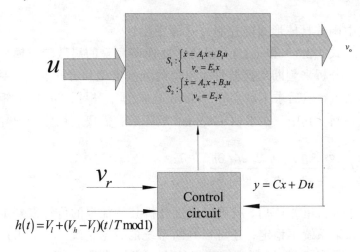

图 2.1 功率变换器框图

Fig. 2.1 The block diagram of power converters

为了求得映射模型,考虑在 $nT \sim (n+1)T$ 区间状态的演化。在 $nT \sim (nT+dT)$ 区间,变换器由图中 S_1 所代表的方程组描述,而在 $nT+dT$ 时刻,由于控制电路的作用,使得开关器件的状态进行切换,所以在 $(nT+dT) \sim (n+1)T$ 区间,变换器由图中 S_2 所代表的方程组描述。分析主电路得到,在 $nT+dT$ 时刻的状态变量

$$x_{dT+nT} = \mathrm{e}^{A_1 dT} x_{nT} + \int_0^{dT} \mathrm{e}^{A_1(dT-\sigma)} \mathrm{d}\sigma B_1 u \tag{2.1}$$

在 $(n+1)T$ 时刻的状态变量

$$x_{(n+1)T} = \mathrm{e}^{A_2(1-d)T} x_{dT+nT} + \int_{dT}^{T} \mathrm{e}^{A_2(T-\sigma)} \mathrm{d}\sigma B_2 u \tag{2.2}$$

把式（2.2）代入式（2.1）就可以得到从 nT 时刻到 $(n+1)T$ 时刻状态变量的映射模型

$$\begin{aligned} x_{(n+1)T} &= f(x_{nT}, d) \\ &= e^{A_2(1-d)T}\left(e^{A_1 dT} x_{nT} + \int_0^{dT} e^{A_1(dT-\sigma)} d\sigma B_1 u\right) + \int_{dT}^T e^{A_2(T-\sigma)} d\sigma B_2 u \end{aligned} \quad (2.3)$$

控制电路决定了占空比 d 的取值，可以得到

$$u(x_{nT}, d, v_r, h, u) = 0 \quad (2.4)$$

公式中函数具体形式随控制方式而变化。

这样，式（2.3）和（2.4）组成了变换器完整的离散映射模型。对这个模型进行分析来判断变换器可能出现的分岔类型和分岔点，需要先确定系统的不动点，然后求不动点处的 Jacobian 矩阵，根据 Jacobian 矩阵的特征根进行判断。其中，在求取 Jacobian 矩阵时，需要利用隐函数导数定理

$$J = \frac{\partial x_{(n+1)T}}{\partial x_{nT}} = \frac{\partial f}{\partial x_{nT}} - \frac{\partial f}{\partial d}\left(\frac{\partial u}{\partial d}\right)^{-1}\frac{\partial u}{\partial x_{nT}} \quad (2.5)$$

求出 Jacobian 矩阵后，就可以通过分析其特征根的位置来判定系统是否稳定，如果系统不稳定，还可以判断系统的分岔情况。一般来说，当电路中某个参数变换时，要研究特征根的轨迹变化情况，有这样的判断准则：

（1）如果所有特征根都位于单位圆内，那么系统稳定；

（2）如果当参数变化时，有一对共轭特征根移出单位圆，而其他特征根位于单位圆内，那么系统表现出 Neimark-Sacker 分岔（Hopf 分岔）；

（3）如果当参数变化时，有一个特征根沿负实轴移出单位圆，而其他特征根位于单位圆内，那么系统表现出倍周期分岔；

（4）如果当参数变化时，有一个特征根沿负实轴移出单位圆，同时有一对共轭特征根移出单位圆，而其他特征根位于单位圆内，那么系统表现出倍周期分岔和 Neimark-Sacker 分岔（Hopf 分岔）共存现象；

（5）如果当参数变化时，有一些特征根跳移出单位圆，而其他特征根位于单位圆内，那么系统表现出边界碰撞分岔这样的非标准分岔。

传统的求取 Jacobian 矩阵的过程稍显麻烦，其实对功率变换器来说，Filippov 方法是一种简洁的方法，而且可以借助图形方便地理解其意义。

2.2.2 Filippov 方法简介

很多非光滑系统的分析方法来源于光滑系统。对于光滑系统，有

$$\frac{dx(t)}{dt}=f(x,t,\rho) \quad (2.6)$$

其周期轨道稳定性分析的基本思想是在周期轨道上加一个小扰动，判断扰动后的轨道是否回到原轨道。具体来说通常有三种方法[118]：轨道敏感度分析方法、Poincare 映射方法和 Floquet 理论方法。

在轨道敏感度分析方法中，假定系统 $\dot{x}=f(x,t)$ 的解为 $\varphi(t,t_0,x_0)$，则它必满足

$$\varphi(t,t_0,x_0)=x_0+\int_{t_0}^{t}f\left(\varphi(t,t_0,x_0),\tau\right)d\tau \quad (2.7)$$

那么敏感度函数定义为下列方程的解

$$\frac{d}{dt}\left(\frac{\partial\varphi(t,t_0,x_0)}{\partial x_0}\right)=\frac{\partial f\left(\varphi(t,t_0,x_0),t\right)}{\partial\varphi(t,t_0,x_0)}\frac{\partial\varphi(t,t_0,x_0)}{\partial x_0} \quad (2.8)$$

通过研究敏感度函数可以确定系统的稳定性。

Poincare 映射方法对周期系统很有效。Poincare 映射以外部驱动信号的周期 T 为间隔对系统状态变量进行采样，从而把连续系统的稳定性问题转化为离散系统的稳定性问题。离散系统可表示为

$$\varphi(T+t_0,t_0,x_0)=x_0+\int_{t_0}^{t_0+T}f\left(\varphi(\tau,t_0,x_0),\tau\right)d\tau \quad (2.9)$$

那么，对这个系统在不动点处进行线性化，得到 Jacobian 矩阵，就可以判断系统的稳定性。

与上面两种方法研究扰动后的轨道如何演化不同，Floquet 理论方法直接研究扰动量 $\Delta x(t)=\tilde{\varphi}(t)-\varphi(t)$。在周期轨道 $\varphi(t)$ 上进行线性化，可以得到描述扰动量 $\Delta x(t)$ 的方程为

$$\frac{d\Delta x(t)}{dt}=\left.\frac{\partial f(x,t)}{\partial x}\right|_{x=\varphi}\Delta x(t) \quad (2.10)$$

利用基本解矩阵，求解下列微分方程

$$\frac{d\Phi(t,t_0,\Delta x_0)}{dt}=\left.\frac{\partial f(x,t)}{\partial x}\right|_{x=\varphi(t)}\Phi(t,t_0,\Delta x_0) \quad (2.11)$$

把式（2.11）的解在 $T+t_0$ 处称为单值矩阵。从单值矩阵的性质可以知道，如果单值矩阵的特征根都位于单位圆内，那么系统就稳定。从上面分析可以看到，单值矩阵就是 $T+t_0$ 时刻的轨道敏感度函数，也即 Poincare 映射方法中的 Jacobian 矩阵。上述三种方法产生的矩阵虽然名称各不相同，但是它们具有等效的表达形式。

这三种方法也可以推广到非光滑或分段光滑系统。Poincare 映射方法推广到电力电子变换器这种分段线性光滑系统，就是上一小节所述的传统的求取 Jacobian 矩阵的方法。而 Floquet 理论方法应用到分段光滑系统时，就称为 Filippov 方法，此时要考虑在开关平面上矢量场的变化情况，因为此时原轨道和受扰轨道到达开关平面的时刻不一样。

如图 2.2 所示，S 表示开关平面，实线表示原轨道，虚线表示受扰轨道。初始扰动量为 δx_0，当原轨道或受扰轨道其中一个刚好到达开关平面时，扰动量为 δx_s^-，而当两个轨道其中一个刚好离开开关平面时，扰动量为 δx_s^+，另外，假设最终的扰动量为 δx_1。那么，

$$\delta x_s^+ = S \delta x_s^- \tag{2.12}$$

其中，S 为跃移矩阵，即

$$S = I + \frac{(f_+ - f_-)n^{\mathrm{T}}}{n^{\mathrm{T}} f_- + \partial h / \partial t} \tag{2.13}$$

I 是单位矩阵，n 表示开关平面的法向量，开关平面由 $h(x,t)=0$ 决定，n^{T} 表示法向量的转置，f_- 为状态转换前微分方程右端表达式，f_+ 为状态转换后微分方程右端表达式。

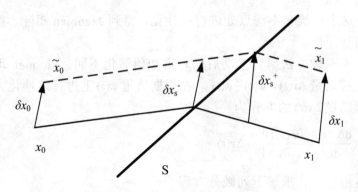

图 2.2　Filippov 方法示意图

Fig. 2.2　The block diagram of the Filippov's method

这个跃移矩阵反映的是扰动量经过开关平面之后和经过开关平面之前的映射关系。而在到达开关平面之前，还有

$$\delta x_s^- = \Phi(t_s, 0)\delta x_0 \tag{2.14}$$

离开开关平面之后，有

$$\delta x_1 = \Phi(t, t_s)\delta x_s^+ \tag{2.15}$$

其中，$\Phi(t_s, 0)$ 和 $\Phi(t, t_s)$ 分别是到达开关平面之前和之后的状态转移矩阵。把式（2.12）和式（2.14）代入式（2.15），可以得到

$$\begin{aligned}\delta x_1 &= \Phi(t, t_s)S\Phi(t_s, 0)\delta x_0 \\ &= \Phi(t, 0)\delta x_0\end{aligned} \tag{2.16}$$

在式（2.16）中，$\Phi(t,0)$ 称为单值矩阵，它反映了初始扰动和最终扰动之间的关系。

和光滑系统中的情况类似，在非光滑系统中，单值矩阵和 Jacobian 矩阵应该具有等效的表达式，虽然它们的名称并不相同。通过判断单值矩阵和 Jacobian 矩阵的特征根，都能确定系统的稳定性。从式（2.5）和式（2.16）可以看出，单值矩阵的表达式更清晰，物理意义更明确，无需烦琐的推导过程。尤其是当分段光滑系统在各个不同状态子空间时成为线性系统的情况下，状态转移矩阵 $\Phi(t_s, 0)$ 和 $\Phi(t, t_s)$ 可以用矩阵指数表示，这样能更加方便地写出单值矩阵的表达式。

2.2.3 Filippov 方法的一个应用

这里用一个 Buck 变换器的例子来说明 Filippov 方法的实用性。一个典型的比例控制的 Buck 变换器如图 2.3 所示，输出电压 v_o 和参考电压 V_{ref} 相比较产生误差信号，经过放大得到控制电压 v_{con}，选择状态变量 $\boldsymbol{x} = [v_o\ i_L]^T$，变换器可以描述如下

$$\dot{\boldsymbol{x}} = \begin{cases} \boldsymbol{A}_{on}\boldsymbol{x} + \boldsymbol{B}_{on}V_{in}, & v_{con} < v_{ramp} \\ \boldsymbol{A}_{off}\boldsymbol{x} + \boldsymbol{B}_{off}V_{in}, & v_{con} > v_{ramp} \end{cases} \tag{2.17}$$

其中，

$$\boldsymbol{A}_{on} = \boldsymbol{A}_{off} = \begin{bmatrix} -1/RC & 1/C \\ -1/L & 0 \end{bmatrix}, \quad \boldsymbol{B}_{on} = \begin{bmatrix} 0 \\ 1/L \end{bmatrix}, \quad \boldsymbol{B}_{off} = \begin{bmatrix} 0 \\ 0 \end{bmatrix}$$

所用参数为: $C = 47\,\mu\text{F}$, $L = 20\,\text{mH}$, $R = 22\,\Omega$, $V_{ref} = 11.3\,\text{V}$, $A = 8.4$, $T = 400\,\mu\text{s}$, $V_L = 3.8\,\text{V}$, $V_U = 8.2\,\text{V}$。

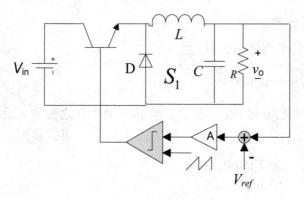

图 2.3 Buck 变换器

Fig. 2.3 Buck converter

从式 (2.17) 可以得到如下采样数据模型

$$x_{(n+1)T} = e^{A_{on}dT} e^{A_{off}(1-d)T} x_{nT} + A_{on}^{-1}\left[e^{A_{on}dT} - I\right] B_{on} V_{in} \quad (2.18)$$

开关平面可以描述为

$$A\left[\begin{bmatrix}1 & 0\end{bmatrix} x_{dT+nT} - V_{ref}\right] - V_L - (V_U - V_L)(1-d)T = 0 \quad (2.19)$$

选择输入电压作为分岔参数,锯齿波一个周期开始时刻输出电压的采样值作为变量,电路的分岔图如图 2.4 所示。电路在输入电压增大到一定值的时候发生倍周期分岔,进而通过边界碰撞分岔出现混沌现象。为了抑制混沌,文献[95]提出了采用谐振参数扰动方法稳定变换器。其思想是在参考电压上加一个正弦波扰动,使得参考电压成为 $V_{ref}\left[1+\alpha\sin(2\pi f_s t + \theta)\right]$,其中 α 为扰动幅值,θ 为扰动信号与锯齿波信号之间的相位差。文献[95]通过分岔图分析相位差 θ 对扰动幅值 α 的影响,并通过隐函数导数定理求取 Jacobian 矩阵。

实际上,这种谐振参数扰动方法是非反馈控制混沌方法中的一种。它只是在系统的一个参数中施加扰动量,而没有把系统的状态变量或输出进行反馈来控制混沌,所以这种方法所产生的轨道不一定是混沌吸引子里面所包含的无限多的不稳定周期轨道中的一个。而如果稳定一个不稳定周期轨道,所需要的扰动量幅度最小。这里,采用 Filippov 方法来说明当改变

相位差 θ 使得扰动幅值最小的时候，所产生的轨道是设计中所期望的系统的原轨道，并且可以用其他简单波形代替正弦波扰动。

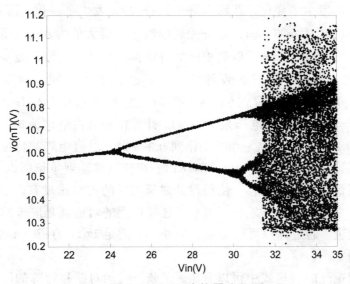

图 2.4　Buck 变换器分岔图

Fig. 2.4　Bifurcation diagram of the Buck converter

根据 Filippov 方法，在一个开关周期中，变换器的单值矩阵可以表示为

$$\Phi(T,0) = S_2 \times \Phi_{on}(T,(1-d)T) \times S_1 \times \Phi_{off}((1-d)T,0) \quad (2.20)$$

其中，S_1 是在 $nT+dT$ 时刻开关状态转换时所关联的跃移矩阵，S_2 则是锯齿波的不连续下降沿所关联的跃移矩阵，$\Phi_{off}((1-d)T,0)$ 和 $\Phi_{on}(T,(1-d)T)$ 分别是开关管关断和导通时系统的状态转移矩阵，且有

$$\Phi_{off}((1-d)T,0) = e^{A_{off}(1-d)T},\; \Phi_{on}(T,(1-d)T) = e^{A_{on}dT} \quad (2.21)$$

S_1 可以按照式（2.13）求得。S_2 其实是一个单位矩阵，这是由于在一个开关周期初始时刻，锯齿波下降沿斜率为无穷大，所以受扰轨道和原轨道到达这个开关平面的时刻相同。

把 $V_{ref}\left[1+\alpha\sin(2\pi f_s t+\theta)\right]$ 代入式（2.19）中，得到新的开关平面

$$A\left[\begin{bmatrix}1 & 0\end{bmatrix} x_{dT+nT} - V_{ref}\left[1+\alpha\sin(2\pi f_S(1-d)T+\theta)\right]\right] - V_L - (V_U - V_L)(1-d)T = 0 \quad (2.22)$$

选择合适的 θ 使得 $\sin(2\pi f_S(1-d)T+\theta)$ 等于 0,那么占空比就是原来设计时的值,因此,$\Phi_{off}((1-d)T,0)$ 和 $\Phi_{on}(T,(1-d)T)$ 也维持不变。单值矩阵中只有跃移矩阵发生了变化,跃移矩阵中只有 $\partial h/\partial t$ 发生了变化,而 $\partial h/\partial t$ 中包含 $\alpha 2\pi\cos(2\pi f_S(1-d)T+\theta)$,在开关转换时,其最大值为 $\alpha 2\pi$,所以跃移矩阵就有很大的改变,导致单值矩阵的特征根发生改变,可能改变系统的稳定性。输入电压不同时,设计的稳定占空比也不相同,所以需要用 Newton-Raphson 算法来解式(2.18)和式(2.22),再选择 $2\pi f_S(1-d)T+\theta = 2\pi(1-d)+\theta = 2\pi$。当输入电压是 35 V 时,计算得到的占空比为 $d=0.3467$,从而有 $\theta=2.1783$。当 α 从 0.003 变化到 0.005 时,单值矩阵的特征根如图 2.5(a)所示。可以看到,当 $\alpha>0.0038$ 时,特征根移动到单位圆内。这样,通过在扰动信号中加入相移,使得设计时所需要的占空比没有改变,而只有单值矩阵中的跃移矩阵发生了变化,这样得到的轨道就是原来的一个不稳定周期轨道。通过计算可以知道,另外一个满足 $2\pi(1-d)+\theta=\pi$ 的 θ 值不能使系统稳定。

从单值矩阵的表达式中可以看出,正弦波扰动对跃移矩阵的影响只发生在开关管转换时刻,它只影响 $\partial h/\partial t$,因此,当正弦波很难得到时,可以用其他形式的波形代替正弦波,只要在开关时刻这种新波形的斜率和正弦波的斜率一样即可。图 2.5(b)为采用三角波稳定变换器的仿真波形,可以看到,在控制电压和锯齿波的交点处,三角波幅值为零,这和前面的分析一致,即只有三角波的斜率影响了单值矩阵,从而达到稳定变换器的目的。和采用其他相移值相比较,这时所需的扰动信号的幅值最小,因为这时所稳定的是一个不稳定周期轨道。

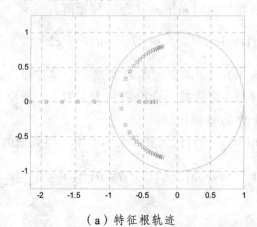

(a)特征根轨迹

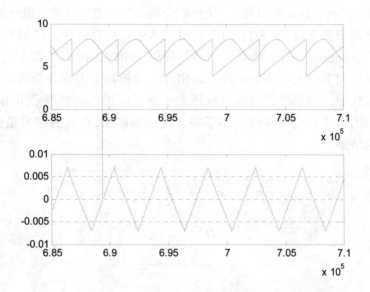

（b）采用三角波扰动的波形

图 2.5　输入电压 35 V 时采用扰动来控制变换器

Fig. 2.5　Stabilizing the Buck converter when V_{in}=35 V　（a）loci of the eigenvalues （b）simulation waveforms

和传统的采用隐函数导数定理求取 Jacobian 矩阵相比，Filippov 方法得到的单值矩阵包含了各个区间状态转移矩阵和跃移矩阵，通过这样的分解，使得单值矩阵的物理意义更清晰。这里用三角波扰动代替正弦波扰动来控制 Buck 变换器就是一个直观的应用。另外，文献[118]指出，变换器中出现的阵发性混沌也是由于跃移矩阵的变化而引起。

2.3　单周期控制 Buck 变换器稳定性分析

单周期控制 Buck 变换器是一个基本的变换器结构，如图 2.6 所示。其工作原理为：如果电路工作于电感电流连续模式，二极管电压 v_D 在开关管导通时等于负的电源电压 $-V_{in}$，在开关管关断时等于零，因为输出电压等于二极管电压在一个周期内的平均值，所以把二极管电压进行积分，并同参考电压 V_{ref} 进行比较。在一个周期开始时，开关管导通，二极管电压进行积分，当积分值达到参考电压时，RS 触发器输出 Q 端为 0，因此开关管关断,同时,$\bar{Q}$ 端输出为 1,使得积分器的积分电容短路,积分器复位。

对于这个变换器,文献[115]中采用具体电路参数值并用隐函数导数定理求取了 Jacobian 矩阵,结果显示特征根位于单位圆内。而文献[119]分析了参考电压大于输入电压的情况,指出此时变换器会出现降频现象。由于在工程实践中,如果要得到输出电压大于输入电压,一般不采用 Buck 变换器,因此,本文研究参考电压小于输入电压的情况,得到的结果是比[115]更一般的结果。

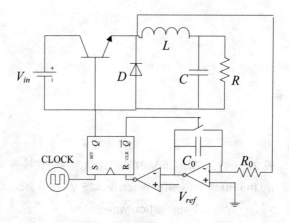

图 2.6 单周期控制 Buck 变换器

Fig. 2.6 One-cycle controlled Buck converter

取状态向量 $\boldsymbol{x} = [x_1, x_2]^T = [i_L, v_C]^T$,而开关平面则为

$$h(\boldsymbol{x},t) = \int_0^{dT} v_{in}(\tau)d\tau - V_{ref} = 0 \tag{2.23}$$

考虑输入电压为固定值,用 Filippov 方法求取单值矩阵,那么开关平面和状态向量无关,因此法向量 $\mathbf{n}^T = [0\ 0]$,则式(2.20)中 $S_1 = \mathbf{I}$,在下一周期开始时,受扰轨道和原轨道同时达到开关平面,所以 $S_2 = \mathbf{I}$。另外,$\boldsymbol{\Phi}_1(dT,0) = e^{A_1 dT}$,$\boldsymbol{\Phi}_2(T,dT) = e^{A_2(1-d)T}$,因此,单值矩阵

$$\boldsymbol{\Phi}(t,0) = e^{A_1 T} \tag{2.24}$$

其中

$$A_1 = A_2 = \begin{pmatrix} 0 & -\dfrac{1}{L} \\ \dfrac{1}{C} & -\dfrac{1}{RC} \end{pmatrix}$$

在式（2.24）中，由于 A_1 非奇异，存在可逆矩阵 P，使得

$$P^{-1}AP = \begin{pmatrix} \lambda_1 & \\ & \lambda_2 \end{pmatrix}, \quad e^{AT} = P\begin{pmatrix} e^{\lambda_1 T} & \\ & e^{\lambda_2 T} \end{pmatrix}P^{-1}$$

因此，e^{AT} 的特征根为 $e^{\lambda_1 T}$ 和 $e^{\lambda_2 T}$，而

$$\lambda_{1,2} = -\frac{1}{2RC} \pm \sqrt{\left(\frac{1}{2RC}\right)^2 - \frac{1}{LC}}$$

分两种情况，第一种情况，如果 $R < \frac{1}{2}\sqrt{\frac{L}{C}}$，那么 $\lambda_{1,2}$ 都是负实数，无论周期 T 或其他参数取值如何，特征根 $e^{\lambda_1 T}$ 和 $e^{\lambda_2 T}$ 都在单位圆内。

第二种情况，如果 $R > \frac{1}{2}\sqrt{\frac{L}{C}}$，那么

$$e^{\lambda_{1,2}T} = e^{-\frac{1}{2RC}T}\left(\cos\left(T\sqrt{\frac{1}{LC} - \left(\frac{1}{2RC}\right)^2}\right) \pm j\sin\left(T\sqrt{\frac{1}{LC} - \left(\frac{1}{2RC}\right)^2}\right)\right) \quad (2.25)$$

无论周期 T 或其他参数取值如何，同样可以得到，特征根 $e^{\lambda_1 T}$ 和 $e^{\lambda_2 T}$ 都在单位圆内。

这说明，在参考电压小于输入电压的情况下，无论电路参数如何选取，单周期控制 Buck 变换器都稳定运行。这和变换器的结构有关，单周期控制开关能够立刻跟随参考电压从而在一个周期内抑制输入信号的扰动，当它用在 Buck 电路时，输入信号是电源电压，不包含其他状态变量，所以其稳定性更好。

2.4 单周期控制 Boost 变换器分岔现象分析及其控制

单周期控制 Boost 变换器是另一种常用的拓扑结构，本节先用采样数据模型来分析此变换器可能出现的分岔现象，然后再研究如何控制这种分岔。

2.4.1 单周期控制 Boost 变换器模型

单周期控制 Boost 变换器如图 2.7 所示。如果电路工作于电感电流连续模式，在开关管导通时，二极管处于关断状态，其两端电压等于负的电容电压；在开关管关断时，二极管导通，其两端电压等于零。在一个周期开始时，开关管导通，积分电路对二极管电压也就是电容电压进行积分，当积分电压达到设定电压时，RS 触发器输出 Q 端为 0，关断开关管，同时 $\bar{Q}$ 端输出为 1，使得积分器的积分电容短路，积分器复位。需要指出的是，因为在稳态时，二极管电压等于电容电压和输入电压的差值 $V_C - V_{in}$，所以比较器另一端的电压应当是 $V_{ref} - V_{in}$，而不是 V_{ref}。稳态时，稳态占空比 d、输出电压 V_o 和参考电压 V_{ref} 满足

$$V_{ref} - V_{in} = \frac{T}{R_0 C_0} d V_O$$

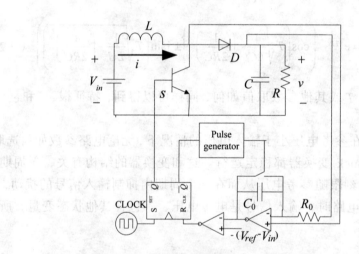

图 2.7 单周期控制 Boost 变换器

Fig. 2.7 One-cycle controlled Boost converter

选取状态变量 $\boldsymbol{x} = [x_1, x_2]^\mathrm{T} = [i_L, v_C]$，建立和式（2.23）类似的主电路采样数据模型，并且开关平面为

$$h(x,t) = \frac{1}{R_0 C_0} \int_0^{dT} x_2(\tau) \mathrm{d}\tau - (V_{ref} - V_{in}) = 0 \qquad (2.26)$$

和单周期控制 Buck 变换器不同的是，在单周期控制 Boost 变换器中，

开关的输入包含其他变量，而不是只有输入电压。对于这样的拓扑结构，利用 Filippov 方法求其单值矩阵时，要注意开关平面导数的求取。通过计算，可以得到

$$\Phi = e^{A_2(1-d)T} e^{A_1 dT} - e^{A_2(1-d)T} (f_- - f_+) \frac{C}{y^0(dT)} \int_0^{dT} e^{A_1 \tau} d\tau \quad (2.27)$$

其中，

$$y^0(dT) = Cx^0(dT), \quad C = \begin{bmatrix} 0 & 1 \end{bmatrix}, \quad A_1 = \begin{pmatrix} 0 & 0 \\ 0 & -\frac{1}{RC} \end{pmatrix}, \quad A_2 = \begin{pmatrix} 0 & -\frac{1}{L} \\ \frac{1}{C} & -\frac{1}{RC} \end{pmatrix}.$$

电路采用的参数如表 2.1 所示。

表 2.1 单周期控制 Boost 变换器电路参数
Table 2.1 Circuit parameters in the One-cycle controlled Boost converter

参数名称		数值
输入电压	V_{in}	5 V
电感	L	430 μH
电容	C	220 μF
积分电容	C_0	2.2 nF
积分电阻	R_0	11.36 kΩ
开关周期	T	25 μs

2.4.2 单周期控制 Boost 变换器分岔现象分析

由于在所有电路参数中，参考电压 V_{ref} 和负载电阻是影响变换器稳定性的两个主要因素，所以主要考虑这两个参数对变换器稳定性的影响。

所用负载电阻为 50 Ω。在不同参考电压情况下，通过上述分析得到特征根如表 2.2 所示。可以看到，当参考电压小于 9.0 V 时，特征根在单位圆内，所以变换器稳定运行；当参考电压等于 9.0 V 时，特征根在单位圆上；当参考电压大于 9.0 V 时，特征根在单位圆外，并且是以共轭复数对的形式穿越单位圆，说明电路出现了 Neimark-Sacker 分岔，此分岔引起电路表现出低频振荡。

表 2.2 参考电压改变时特征根分布和电路运行状态
Table 2.2 Eigenvalues and circuit operating under various reference voltages

V_{ref}/V	特征根	模	运行状态
8.3	0.997 9±j0.062 1	0.999 8	周期 1
8.6	0.998 0±j0.061 1	0.999 9	周期 1
9.0	0.998 2±j0.060 0	1.000 0	临界
9.3	0.998 3±j0.059 2	1.000 1	振荡
9.8	0.998 5±j0.057 9	1.000 2	振荡

参考电压为 8 V 和 11 V 时，电感电流和电容电压仿真波形分别如图 2.8 和图 2.9 所示，仿真软件采用 MATLAB。从图中可以看到，当参考电压为 8 V 时，电路处于稳定的周期 1 工作状态；当参考电压为 11 V 时，电路出现 Neimark-Sacker 分岔即低频振荡状态，这和表 2.2 的特征根预测结果一致。

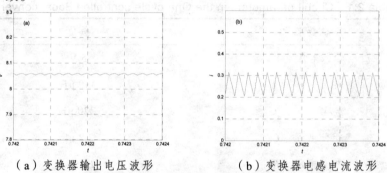

(a) 变换器输出电压波形　　　　(b) 变换器电感电流波形

图 2.8 当参考电压为 8 V 时

Fig. 2.8 Simulation waveforms of the One-cycle controlled Boost converter when the reference voltage is 8V (a) output voltage (b) inductor current

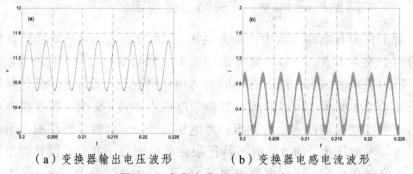

(a) 变换器输出电压波形　　　　(b) 变换器电感电流波形

图 2.9 当参考电压为 11 V 时

Fig. 2.9 Waveforms of the One-cycle controlled Boost converter when the reference voltage is 11 V (a) output voltage (b) inductor current

当参考电压为 9 V，不同负载电阻情况下特征根及系统运行状态如表 2.3 所示。从表中可以看到，无论负载电阻怎么变化，特征根都是一对共轭复数对，随着负载电阻增大，特征根以共轭复数对的形式穿越单位圆，这表明电路发生了 Neimark-Sacker 分岔，产生了低频振荡。

表 2.3 负载电阻改变时特征根的分布和电路运行状态
Table 2.3 Eigenvalues and circuit operating under various load resistances

负载电阻/Ω	特征根	模	运行状态
20	0.997 9±j0.059 9	0.999 7	周期 1
30	0.998 1±j0.060 0	0.999 9	周期 1
40	0.998 1±j0.060 0	0.999 9	周期 1
50	0.998 2±j0.060 0	1.000 0	临界
100	0.998 3±j0.060 0	1.000 1	振荡

通过对特征根的分析，可以确定电路稳定运行时的负载范围，这对设计运行良好的电路有重要意义。通过特征根计算还可以知道，当负载电阻增大时，必须减小参考电压，才能使电路运行于周期 1 状态。因此，负载电阻增大，电路稳定范围减小。

2.4.3 单周期控制 Boost 变换器分岔控制

通过分析 Jacobian 矩阵特征根，可以看到，单周期控制 Boost 变换器在参考电压增加时会出现分岔，这种分岔会引起电路发生低频振荡，从而使器件应力增加，也对磁性元件的正常工作产生影响，使得变换器的安全可靠运行受到挑战。同时，由于参考电压反映了输出电压的大小，所以使得输出电压无法提高，从而限制了变换器的应用范围。因此，控制这种分岔是一个非常重要的课题。

文献[121]指出，对于低频振荡这样的行为，可以通过研究变换器的平均模型来预测。由于在单周期控制 Boost 变换器中，只出现 Neimark-Sacker 分岔，而不出现 Neimark-Sacker 分岔和倍周期分岔共存现象，所以可以只用平均模型来进行分析。离散模型中的 Neimark-Sacker 分岔，在平均模型中称为 Hopf 分岔。可以借鉴在其他系统中控制 Hopf 分岔的方法[122]、[123]。文献[124]～[129]分别研究了 washout 滤波器在 Hodgkin-Huxley 模型、Colpitts 振荡器、参数受扰混沌系统和永磁同步电动机中的应用，但这些文献只给出了仿真结果，这是由于 washout 滤波器用在上述系统中实现起来较困难。根据单周期控制 Boost 变换器的结构特点，本书采用 washout 滤波器来消除 Hopf 分岔，实现起来非常容易。

建立单周期控制 Boost 变换器的平均模型，需要在一个开关周期内对状态变量进行平均。图 2.7 的 Boost 变换器可描述为

$$\begin{cases} \dfrac{\mathrm{d}i}{\mathrm{d}t} = \dfrac{V_{in}}{L} - \dfrac{1-s}{L}v \\ \dfrac{\mathrm{d}v}{\mathrm{d}t} = -\dfrac{v}{RC} + \dfrac{1-s}{C}i \end{cases} \quad (2.28)$$

其中 $s=1$ 代表开关管导通，$s=0$ 代表开关管关断。为了得到变换器的平均模型，需要用占空比 d 代替式（2.28）中的 s。根据变换器工作原理，占空比 d 由式（2.26）得到，而其平均模型为

$$vd = V_{ref} - V_{in} \quad (2.29)$$

用式（2.29）中的 d 替换式（2.28）中的 s，就能得到单周期控制 Boost 变换器完整的平均模型如下

$$\begin{cases} \dfrac{\mathrm{d}i}{\mathrm{d}t} = \dfrac{V_{in}}{L} - \dfrac{v}{L}(1 - \dfrac{V_{ref} - V_{in}}{v}) \\ \dfrac{\mathrm{d}v}{\mathrm{d}t} = -\dfrac{v}{RC} + \dfrac{i}{C}(1 - \dfrac{V_{ref} - V_{in}}{v}) \end{cases} \quad (2.30)$$

对变换器稳定性的分析可以通过式（2.30）得到。为此，首先计算其平衡点。令式（2.30）中导数为零，得到

$$\begin{cases} V = V_{ref} \\ I = \dfrac{V_{ref}^{\,2}}{V_{in}R} \end{cases} \quad (2.31)$$

在此平衡点处求得 Jacobian 矩阵

$$J = \begin{pmatrix} 0 & -\dfrac{1}{L} \\ \dfrac{V - V_{ref} + V_{in}}{CV} & -\dfrac{1}{RC} + \dfrac{I(V_{ref} - V_{in})}{CV^2} \end{pmatrix} \quad (2.32)$$

把电路参数代入式（2.32），通过计算得到变换器的特征根如图 2.10 所示，其中箭头代表从 9 V 增加到 11 V。

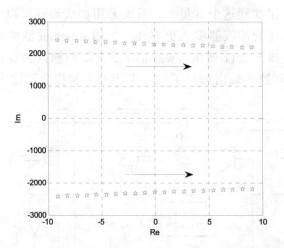

图 2.10 单周期控制 Boost 变换器平均模型得到的特征根随参考电压变化的轨迹

Fig. 2.10 Loci of eigenvalues from the averaged model of the One-cycle controlled Boost converter under the variation of the reference voltage

可以看到，变换器的特征根为一对共轭复数，当参考电压小于 10 V 时，共轭复数对的实部为负，因此变换器稳定；当参考电压大于 10 V 时，共轭复数对的实部为正，因此变换器不稳定并且满足下列条件

$$\text{Re}(\lambda)\big|_{V_{ref}=10} = 0 \tag{2.33}$$

$$\text{Im}(\lambda)\big|_{V_{ref}=10} \neq 0 \tag{2.34}$$

$$\frac{\text{d}}{\text{d}V_{ref}}\text{Re}(\lambda)\bigg|_{V_{ref}=10} \neq 0 \tag{2.35}$$

可以得到，当参考电压为 10 V 时，变换器表现出超临界 Hopf 分岔。

对比离散模型和平均模型可以看到，虽然两种模型都指出随着参考电压的增大，电路会出现分岔，但是从两种模型得到的参考电压的分岔点稍微有些差异。实际上，用离散模型得到的分岔点更准确，这是由于平均模型对变换器状态变量在一个开关周期内进行平均的原因。

在非线性系统中使用 washout 滤波器来控制超临界 Hopf 分岔时，一般把系统的一个或多个状态变量作为滤波器输入，而把滤波器输出加到系统微分方程的右边。式（2.30）中两个方程的右边都含有 V_{ref} 这一常量，所以把滤波器输出加到这个常量上,只要采用加法器就可以实现。这里把变换器输出电压作为滤波器输入更方便。采用 washout 滤波器的单周期控制 Boost 变换器如图 2.11 所示。washout 滤波器的输入为变换器的输出电压,washout 滤波器的输出加到了参考电压上来和积分器输出进行比较。

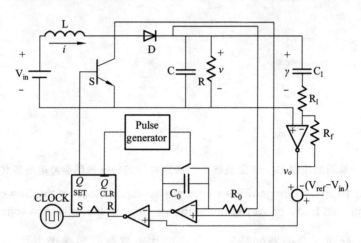

图 2.11 采用 washout 滤波器的单周期控制 Boost 变换器
Fig. 2.11 One-cycle controlled Boost converter under washout filter control

设 washout 滤波器中电容电压为 γ,则 washout 滤波器可以描述为

$$\begin{cases} \dfrac{d\gamma}{dt} = \dfrac{v-\gamma}{R_1 C_1} = \dfrac{v-\gamma}{d_w} \\ v_0 = -\dfrac{R_f}{R_1}(v-\gamma) = k_w(v-\gamma) \end{cases} \quad (2.36)$$

图 2.11 所示的整个变换器的平均模型为

$$\begin{cases} \dfrac{di}{dt} = \dfrac{V_{in}}{L} - \dfrac{v}{L}(1 - \dfrac{V_{ref} + k_w(v-\gamma) - V_{in}}{v}) \\ \dfrac{dv}{dt} = -\dfrac{v}{RC} + \dfrac{i}{C}(1 - \dfrac{V_{ref} + k_w(v-\gamma) - V_{in}}{v}) \\ \dfrac{d\gamma}{dt} = \dfrac{1}{d_w}(v-\gamma) \end{cases} \quad (2.37)$$

在 washout 滤波器中引入了两个量——d_w 和 k_w,这两个量对图 2.11 所示变换器的稳定性有影响。为了分析其稳定性,先求变换器平衡点。从式(2.37)可以得到

$$\begin{cases} V = V_{ref} \\ I = \dfrac{V_{ref}^2}{V_{in}R} \\ \varGamma = V \end{cases} \quad (2.38)$$

由于 washout 滤波器中存在一个电容，所以使得整个电路的阶数增加一阶。但是这种方法的优点是电路容易实现，而且原系统的平衡点得到保持。这一点通过对比式（2.31）和式（2.38）可以得到。

在式（2.38）平衡点处的 Jacobian 矩阵为

$$J = \begin{pmatrix} 0 & \dfrac{k_w-1}{L} & -\dfrac{k_w}{L} \\ \dfrac{V_{in}}{CV} & -\dfrac{1}{RC} + \dfrac{I(V_{ref}-k_w\varGamma-V_{in})}{CV^2} & \dfrac{k_w I}{CV} \\ 0 & \dfrac{1}{d_w} & -\dfrac{1}{d_w} \end{pmatrix} \quad (2.39)$$

为了消除 Hopf 分岔，必须使得式（2.39）的特征根具有负的实部。特征方程为

$$\begin{aligned} f(\lambda) &= p_0\lambda^3 + p_1\lambda^2 + p_2\lambda + p_3 \\ &= \lambda^3 - \left(\dfrac{I(V_{ref}-k_w\varGamma-V_{in})}{CV^2} - \dfrac{1}{RC} - \dfrac{1}{d_w}\right)\lambda^2 \\ &\quad - \left(\dfrac{1}{d_w}\left(\dfrac{I(V_{ref}-k_w\varGamma-V_{in})}{CV^2} - \dfrac{1}{RC}\right) \right.\\ &\quad \left. + \dfrac{k_w I}{d_w CV} + \dfrac{V_{in}(k_w-1)}{LCV}\right)\lambda + \dfrac{V_{in}}{d_w LCV} \end{aligned} \quad (2.40)$$

根据 Routh-Hurwitz 准则[130]，设

$$H_p = \begin{pmatrix} p_1 & p_0 & 0 \\ p_3 & p_2 & p_1 \\ 0 & 0 & p_3 \end{pmatrix} \quad (2.41)$$

要使得所有特征根实部为负，必须使得 H_p 的各阶主子式大于零，即满足

$$\begin{cases} D_1 = p_1 > 0 \\ D_2 = p_1 p_2 - p_3 p_0 > 0 \\ D_3 = p_3 D_2 > 0 \end{cases} \quad (2.42)$$

因此，d_w 和 k_w 就可以根据式（2.42）来确定。在本书中，当 $V_{ref} = 11\text{ V}$

时，选取 $d_w = 0.0001$ 可以得到较好的响应速度，当 k_w 从-10 变化到-1 时，特征根的轨迹如图 2.12 所示，其中箭头表示 k_w 从-10 变化到-1。可以看到，此时变换器的特征根为一对共轭复数和一个负实数。

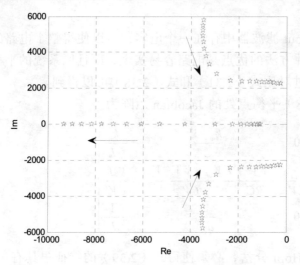

图 2.12 特征根随 k_w 变化的轨迹

Fig. 2.12 Loci of eigenvalues of the One-cycle controlled Boost converter under washout filter control under the variation of k_w

如果选 $k_w = -3$，变换器输出电压、电感电流和滤波器输出电压仿真波形如图 2.13 所示。可以看到，变换器稳定运行，没有出现 Hopf 分岔。同时，和参考电压相比，washout 滤波器输出电压很小。

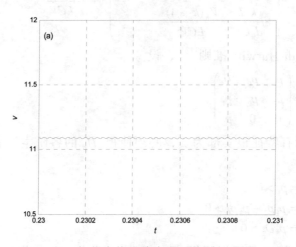

（a）变换器输出电压波形

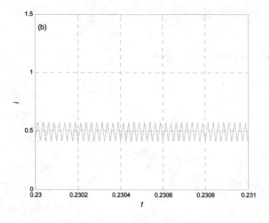

（b）变换器电感电流波形

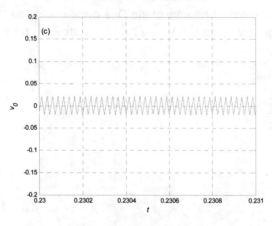

（c）滤波器输出电压波形

图 2.13 采用 washout 滤波器的单周期控制 Boost 变换器当参考电压为 11 V 时

Fig. 2.13 Waveforms of the One-cycle controlled Boost converter with washout filter when the reference voltage is 11 V （a）output voltage （b）inductor current （c）output of the washout filter

2.4.4 单周期控制 Boost 变换器实验研究

为了验证分岔分析和控制方法的正确性，按照前文参数搭建了具体电路。当参考电压为 8 V 和 11 V 时，没有采用 washout 滤波器的变换器输出电压、电感电流分别如图 2.14 和图 2.15 所示。对比图 2.8、2.9 和图 2.14、2.15 可以看到，按照离散模型和平均模型进行的分析与实际电路运行吻合。

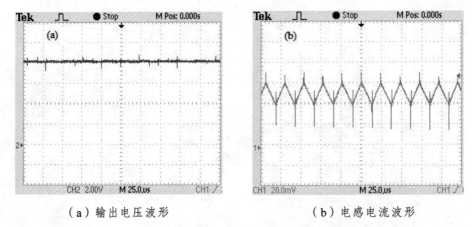

（a）输出电压波形　　　　　　　　（b）电感电流波形

图 2.14　单周期控制 Boost 变换器当参考电压为 8 V 时

Fig. 2.14 Experimental waveforms of the One-cycle controlled Boost converter when the reference voltage is 8 V　（a）output voltage　（b）inductor current

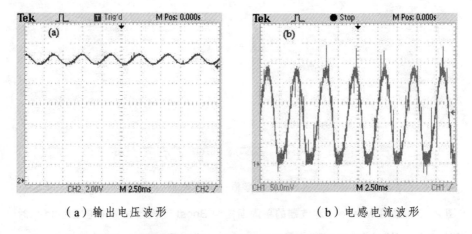

（a）输出电压波形　　　　　　　　（b）电感电流波形

图 2.15　单周期控制 Boost 变换器当参考电压为 11 V 时

Fig. 2.15 Experimental waveforms of the One-cycle controlled Boost converter when the reference voltage is 11V　（a）output voltage　（b）inductor current

当参考电压为 11 V 时，采用 washout 滤波器的变换器输出电压、电感电流和滤波器输出电压如图 2.16 所示。其中，电感电流通过用一个和电感串联的 0.1 Ω 电阻得到。

图 2.16 中，washout 滤波器输出电压和图 2.13 中的仿真波形不完全一致，这是因为实际器件有很多寄生参数，尤其是电容有等效串联电阻。但是可以看到，滤波器输出电压幅值很小。

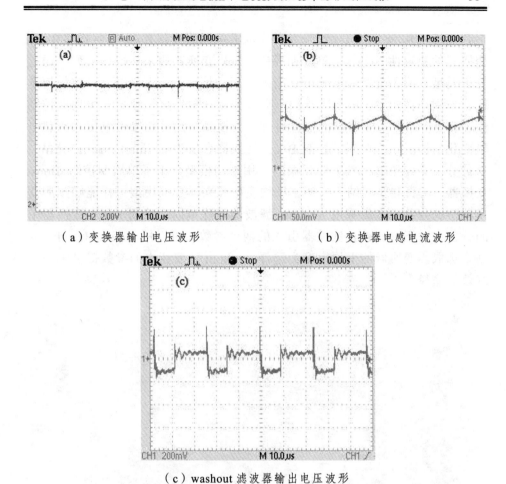

（c）washout 滤波器输出电压波形

图 2.16 当参考电压为 11 V 时采用 washout 滤波器的变换器波形

Fig. 2.16 Experimental waveforms of the One-cycle controlled Boost converter under washout filter control when the reference voltage is 11 V （a） output voltage （b） inductor current （c） output of the washout filter

2.5 本章小结

本章介绍了功率变换器进行动力学分析中比较新的一种方法，即 Filippov 方法，这种方法比传统的用隐函数导数定理来求取 Jacobian 矩阵的方法更简便，物理意义更清晰。本章用这种方法对谐振参数扰动控制 Buck 变换器进行了更深入的分析，结果表明可以用三角波等波形来代替正弦波使得Buck变换器稳定。本章分析了单周期控制Buck变换器和Boost变换器的稳定性。建立了单周期控制Buck变换器的采样数据模型，通过分析模型表明，在参考电压小于输入电压的情况下，无论电路参数如何选取，单周期控制Buck变换器都不会有振荡现象发生。建立了单周期控制Boost变换器的采样数据模型，通过分析模型指出，在参考电压和负载电阻变化的情况下，单周期控制Boost变换器会发生Neimark-Sacker分岔，这种分岔会导致电路发生低频振荡。用平均模型分析了单周期控制Boost变换器，仿真和实验结果表明，平均模型和采样数据模型一样能够预测变换器中的分岔。本章采用washout滤波器消除单周期控制Boost变换器中的分岔，对于washout滤波器引入的两个参数，可以用Routh-Hurwitz准则来选取。变换器的平均模型为选择washout滤波器中的参数提供了一个有效的途径。

3 单周期控制 Cuk 变换器中的分岔分析及其控制

3.1 引 言

单周期控制 Cuk 变换器是另外一种基本的变换器拓扑结构,这种变换器的输出电压和输入电压相位相反,输出电压可以比输入电压大,也可以比输入电压小。对其他控制方式控制的 Cuk 变换器中的非线性现象已有文献进行了分析,比如文献[121]通过平均模型分析了滞环电流模式控制的 Cuk 变换器表现出的 Hopf 分岔,文献[131]分析了无电压外环情况下电流模式控制的 Cuk 变换器表现出的 Hopf 类分岔。而对于采用单周期控制的 Cuk 变换器,虽然文献[113]采用了流图技术进行了分析,文献[114]也进行了分析,但是这些分析方法都没有从非线性动力学角度出发,都不是通用的方法,并且都没有提出如何稳定单周期控制 Cuk 变换器。本章采用采样数据模型这种精确的模型来分析单周期控制 Cuk 变换器,预测其发生的分岔现象,并提出控制分岔的方法,通过对采样数据模型的分析,认识所设计的控制器中参数对系统稳定性的影响。

3.2 单周期控制 Cuk 变换器及其模型

3.2.1 单周期控制 Cuk 变换器工作原理

图 3.1 所示为一个单周期控制 Cuk 变换器框图。系统稳定工作时,二极管平均电压等于输出电压,因此选择二极管电压作为可复位积分器的输入。在一个开关周期开始的时候,时钟脉冲使得 RS 触发器置位,从而使得开关管导通,电源 E 通过开关管给电感 L_1 充电,电容 C_1 通过开关管给负载提供能量,同时,可复位积分器对二极管电压进行积分。当积分器输出达到参考电压 V_{ref} 时,比较器使得 RS 触发器复位,从而关断开关管,这时,电源 E 通过电感 L_1 和二极管给电容 C_1 充电,电感 L_2 给负载提供能

量,同时,RS 触发器使得可复位积分器复位,电容 C_0 两端电压为零,从而为下一个开关周期做准备。在未另外指明的时候,本章所用电路参数如表 3.1 所示。

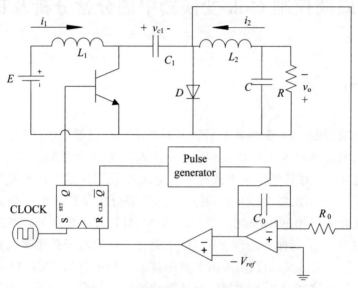

图 3.1 单周期控制 Cuk 变换器

Fig. 3.1 One-cycle controlled Cuk converter

表 3.1 单周期控制 Cuk 变换器电路参数

Table 3.1 Circuit parameters in the One-cycle controlled Cuk converter

参数名称		数值
输入电压	E	8 V
电感	L_1 L_2	15 mH
电感电阻	R_{L1} R_{L2}	0.5 Ω
电容	C_1	22 μF
电容电阻	R_{C1}	0.2 Ω
电容	C	5 μF
参考电压	V_{ref}	3.3 V
电阻	R	100 Ω
积分电容	C_0	2.2 nF
积分电阻	R_0	7.58 kΩ
开关周期	T	16.667 μs

3.2.2 单周期控制 Cuk 变换器模型

如果选择状态矢量 $\boldsymbol{x} = \begin{bmatrix} x_1 & x_2 & x_3 & x_4 \end{bmatrix}^T = \begin{bmatrix} i_1 & v_{C1} & i_2 & v_o \end{bmatrix}^T$，那么变换器可以描述为

$$\begin{cases} \dot{\boldsymbol{x}} = A_1 \boldsymbol{x} + B_1 E & (\text{开关导通时}) \\ \dot{\boldsymbol{x}} = A_2 \boldsymbol{x} + B_2 E & (\text{开关关断时}) \end{cases} \quad (3.1)$$

其中

$$A_1 = \begin{pmatrix} -\dfrac{R_{L1}}{L_1} & 0 & 0 & 0 \\ 0 & 0 & -\dfrac{1}{C_1} & 0 \\ 0 & \dfrac{1}{L_2} & -\dfrac{R_{L2}+R_{C1}}{L_2} & -\dfrac{1}{L_2} \\ 0 & 0 & \dfrac{1}{C} & -\dfrac{1}{RC} \end{pmatrix}, A_2 = \begin{pmatrix} -\dfrac{R_{L1}+R_{C1}}{L_1} & -\dfrac{1}{L_1} & 0 & 0 \\ \dfrac{1}{C_1} & 0 & 0 & 0 \\ 0 & 0 & -\dfrac{R_{L2}}{L_2} & -\dfrac{1}{L_2} \\ 0 & 0 & \dfrac{1}{C} & -\dfrac{1}{RC} \end{pmatrix}$$

$$\boldsymbol{B}_1 = \boldsymbol{B}_2 = \begin{pmatrix} 1/L_1 & 0 & 0 & 0 \end{pmatrix}^T$$

在一个开关周期开始时，状态矢量为 x_n，则当开关管关断时状态矢量为

$$x_{n+d} = e^{A_1 dT} x_n + \int_0^{dT} e^{A_1(dT-\tau)} d\tau B_1 E \quad (3.2)$$

下一个开关周期开始时刻的状态矢量可表示为

$$x_{n+1} = e^{A_2(1-d)T} e^{A_1 dT} x_n + e^{A_2(1-d)T} \int_0^{dT} e^{A_1(dT-\tau)} d\tau B_1 E + \int_{dT}^{T} e^{A_2(T-\tau)} d\tau B_2 E \quad (3.3)$$

同时，由控制电路所决定的开关平面可以描述为

$$\frac{1}{R_0 C_0} \int_0^{dT} v_{C1}(\tau) d\tau = V_{ref} \quad (3.4)$$

一般选择 $R_0 C_0 = T$，写成矢量形式的开关平面为

$$\begin{pmatrix} 0 & \dfrac{1}{R_0 C_0} & 0 & 0 \end{pmatrix} \int_0^{dT} x(\tau) d\tau - V_{ref} = 0 \quad (3.5)$$

在式（3.3）中，可通过数值方法求取系统的不动点。利用隐函数导数定理来求取 Jacobian 矩阵，

$$\frac{\partial f}{\partial x_n} = e^{A_2(1-d)T} e^{A_1 dT} \tag{3.6}$$

$$\frac{\partial f}{\partial d} = (A_1 - A_2)Te^{A_2(1-d)T} e^{A_1 dT} x_n + e^{A_2(1-d)T} A_2 A_1^{-1} T(I - e^{A_1 dT}) B_1 E$$

$$- e^{A_2(1-d)T}(I - e^{A_1 dT})TB_1 E \tag{3.7}$$

$$\frac{\partial u}{\partial d} = \begin{bmatrix} 0 & 1 & 0 & 0 \end{bmatrix} \left(e^{A_1 dT} x_n - A_1^{-1}(I - e^{A_1 dT}) B_1 E \right) \tag{3.8}$$

$$\frac{\partial u}{\partial x_n} = \begin{bmatrix} 0 & \dfrac{1}{R_0 C_0} & 0 & 0 \end{bmatrix} A_1^{-1}(e^{A_1 dT} - I) \tag{3.9}$$

把式（3.6）~（3.9）代入式（2.5），即可得到在不动点处系统的 Jacobian 矩阵。

3.3 单周期控制 Cuk 变换器分岔分析

通过上一节得到的 Jacobian 矩阵，就可以分析单周期控制 Cuk 变换器可能出现的非线性现象。这里只考虑两个最重要的参数——参考电压和负载电阻的变化对变换器稳定性的影响。

3.3.1 参考电压对单周期控制 Cuk 变换器稳定性的影响

电路参数采用表 3.1 所示的值，根据式（2.5）计算 Jacobian 矩阵的特征根，在不同参考电压的情况下，计算结果如表 3.2 所示。可以看到，无论参考电压如何变化，特征根都是两对共轭复数，其中第一对随参考电压的变化而变化，当参考电压大于 3 V 时，这对特征根移出单位圆外；而第二对特征根几乎不变化，并总在单位圆内。根据前文的判断准则，变换器出现了 Neimark-Sacker 分岔。

表 3.2 参考电压改变时特征根分布和电路运行状态
Table 3.2 Eigenvalues and circuit operating under various reference voltages

V_{ref}/V	特征根	模	运行状态
2.0	0.999 5±j0.025 9	0.999 8	周期 1
	0.981 5±j0.057 6	0.983 2	
2.5	0.999 6±j0.025 3	0.999 9	周期 1
	0.981 5±j0.057 6	0.983 2	
3.0	0.999 7±j0.024 7	1.000 0	临界
	0.981 5±j0.057 6	0.983 2	
3.5	0.999 9±j0.024 2	1.000 2	振荡
	0.981 5±j0.057 6	0.983 2	
4.0	1.000 0±j0.023 7	1.000 3	振荡
	0.981 5±j0.057 6	0.983 2	

但是和滞环电流模式控制的 Cuk 变换器不同的是,这时单周期控制 Cuk 变换器并非所有状态变量都呈现低频振荡的现象,而是只有输入环节变量 i_1、v_{C1} 振荡。这是由于单周期控制用在 Cuk 变换器中,其实起到了把输入环节和输出环节解耦的作用。对二极管右边的输出环节而言,在一个周期内,其输入就是参考电压 V_{ref},它不因为输入环节的分岔而变化。

当参考电压为 2.5 V 和 3.3 V 时,仿真波形分别如图 3.2 和图 3.3 所示。可以看到,根据采样数据模型得到的结论和仿真波形一致。

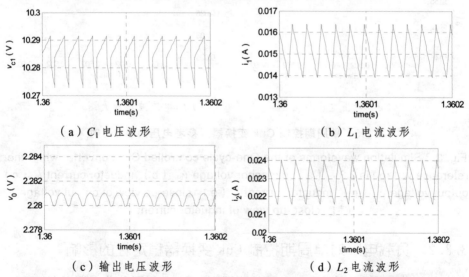

(a) C_1 电压波形 (b) L_1 电流波形
(c) 输出电压波形 (d) L_2 电流波形

图 3.2 单周期控制 Cuk 变换器当参考电压为 2.5 V 时
Fig. 3.2 Simulation waveforms of the One-cycle controlled Cuk converter when the reference voltage is 2.5 V (a) capacitor voltage v_{c1} (b) inductor current i_1 (c) output voltage v_o (d) inductor current i_2

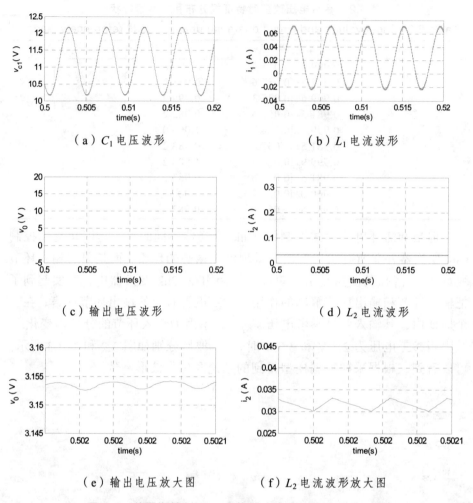

（a）C_1电压波形 （b）L_1电流波形

（c）输出电压波形 （d）L_2电流波形

（e）输出电压放大图 （f）L_2电流波形放大图

图 3.3 单周期控制 Cuk 变换器当参考电压为 3.3 V 时

Fig. 3.3 Simulation waveforms of the One-cycle controlled Cuk converter when the reference voltage is 3.3V （a） capacitor voltage v_{c1} （b） inductor current i_1 （c） output voltage v_o （d） inductor current i_2 （e） close-up view of output voltage v_o （f） close-up view of inductor current i_2

3.3.2 负载电阻对单周期控制 Cuk 变换器稳定性的影响

根据式（2.5）计算 Jacobian 矩阵的特征根，在不同负载电阻的情况下，计算结果如表 3.3 所示。从表 3.3 可以知道，当电阻小于 100 Ω 时，变换器出现 Neimark-Sacker 分岔，引起输入环节振荡。当电阻为 150 Ω 和 90 Ω

时，仿真波形分别如图 3.4 和图 3.5 所示。理论计算和仿真波形一致。和前面分析类似，变换器发生分岔时，仍然只有输入环节出现振荡，而输出环节没有振荡现象。

表 3.3 负载电阻改变时特征根分布和电路运行状态

Table 3.2 Eigenvalues and circuit operating under various load resistances

电阻值/Ω	特征根	模	运行状态
200	0.999 5±j0.024 7	0.999 8	周期 1
	0.989 6±j0.059 8	0.991 4	
150	0.999 6±j0.024 7	0.999 9	周期 1
	0.989 6±j0.059 2	0.988 6	
100	0.999 7±j0.024 7	1.000 0	临界
	0.981 5±j0.057 6	0.983 2	
70	0.999 9±j0.024 7	1.000 2	振荡
	0.974 6±j0.054 8	0.976 2	

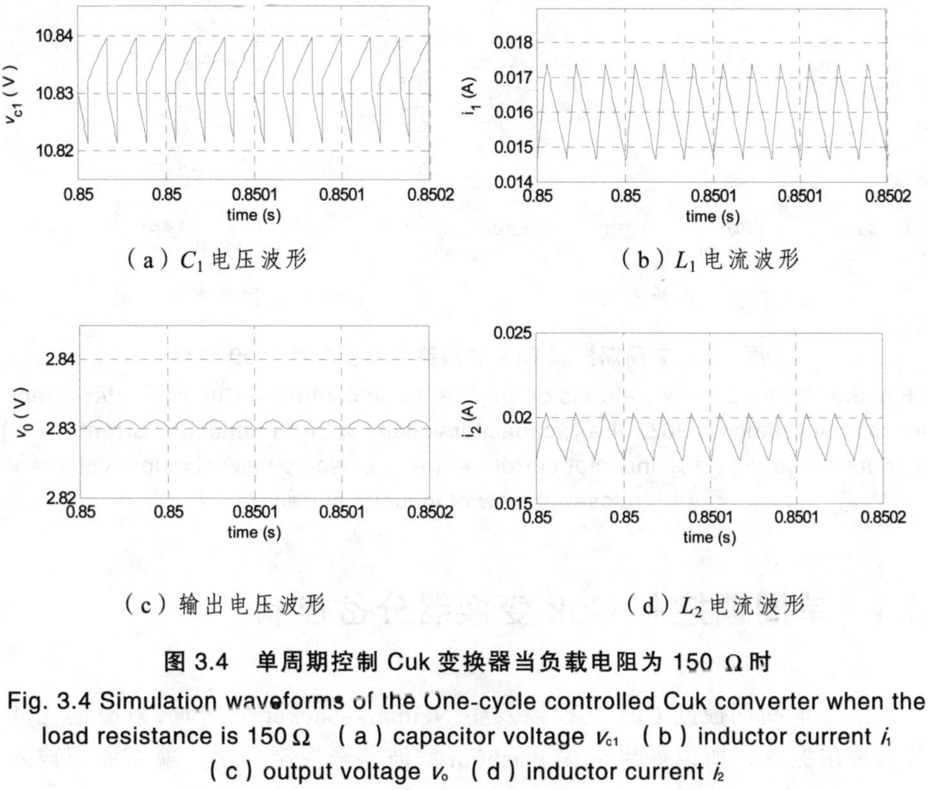

(a) C_1 电压波形

(b) L_1 电流波形

(c) 输出电压波形

(d) L_2 电流波形

图 3.4 单周期控制 Cuk 变换器当负载电阻为 150 Ω 时

Fig. 3.4 Simulation waveforms of the One-cycle controlled Cuk converter when the load resistance is 150 Ω (a) capacitor voltage v_{c1} (b) inductor current i_1 (c) output voltage v_o (d) inductor current i_2

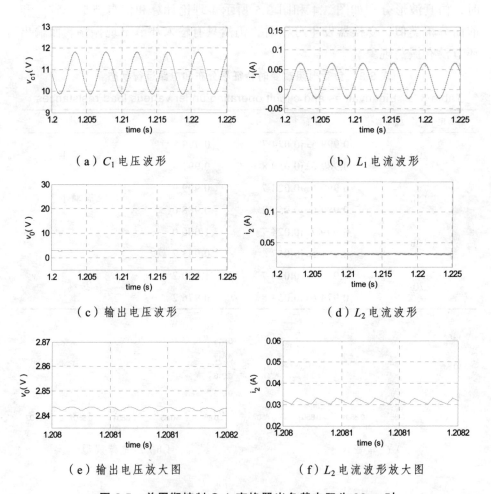

图 3.5 单周期控制 Cuk 变换器当负载电阻为 90 Ω 时

Fig. 3.5 Simulation waveforms of the One-cycle controlled Cuk converter when the load resistance is 90 Ω (a) capacitor voltage v_{c1} (b) inductor current i_1 (c) output voltage v_o (d) inductor current i_2 (e) close-up view of output voltage v_o (f) close-up view of inductor current i_2

3.4 单周期控制 Cuk 变换器分岔控制

  由于单周期控制 Cuk 变换器发生 Neimark-Sacker 分岔时,只有输入环节表现出振荡,所以如果采用 washout 滤波器来控制分岔,就需要把输入环节的状态变量作为 washout 滤波器的输入。根据 washout 滤波器控制分岔方法的原理，可以把输入环节中电感电流和电容电压这两个状态变量中的任意一个作为 washout 滤波器的输入[114]，也可以采用两个 washout 滤波器的方法，把两个状态变量同时分别作为两个 washout 滤波器的输入。为了电路结构简单，这里采用一个 washout 滤波器来控制电路中的分岔。如果把电感电流作为滤波器输入，那么需要一些元器件来检测电流并将其转换成电压，这有可能使成本增加，因此本书把电容电压 v_{C1} 作为 washout 滤波器输入。

3.4.1 单周期控制 Cuk 变换器分岔控制方法及模型

这里考虑把电容电压 v_{C1} 作为输入，控制电路图如图 3.6 所示。图中差放 OA1 的输出即为电容电压 v_{C1}，差放 OA2 为 washout 滤波器所用差放，差放 OA3 将 washout 滤波器输出 w 和参考电压 V_{ref} 相加送给比较器。

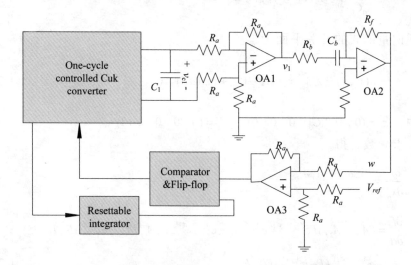

图 3.6 用 washout 滤波器控制单周期控制 Cuk 变换器中的分岔

Fig. 3.6 One-cycle controlled Cuk converter under washout filter control

washout 滤波器引入了一个新状态变量，设其输出为 $x_5 = w$，可描述为

$$\frac{dx_5}{dt} = \frac{R_f}{R_b}\frac{dx_2}{dt} - \frac{1}{R_b C_b}x_5 = k_1\frac{dx_2}{dt} - k_2 x_5 \qquad (3.10)$$

选取新的状态向量为 $\mathbf{x} = [x_1\ x_2\ x_3\ x_4\ x_5] = [i_1\quad v_{C1}\quad i_2\quad v_o\quad w]$，变换器由下式决定

$$\begin{cases} \dot{x} = A_{1f}x + B_{1f}E & \text{(开关管导通)} \\ \dot{x} = A_{2f}x + B_{2f}E & \text{(开关管关断)} \end{cases} \tag{3.11}$$

其中,

$$A_{1f} = \begin{pmatrix} A_1 & 0 \\ 0 & 0 & -\dfrac{k_1}{C_1} & 0 & -k_2 \end{pmatrix}, A_{2f} = \begin{pmatrix} A_2 & 0 \\ \dfrac{k_1}{C_1} & 0 & 0 & 0 & -k_2 \end{pmatrix}, B_{1f} = B_{2f} = \begin{pmatrix} B_1 \\ 0 \end{pmatrix}_\circ$$

因此,变换器的离散模型为

$$\begin{aligned} x_{n+1} &= f(x_n, d) \\ &= e^{A_{2f}(1-d)T} e^{A_{1f}dT} x_n + e^{A_{2f}(1-d)T} \int_0^{dT} e^{A_{1f}(dT-\tau)} d\tau B_{1f}E + \int_{dT}^{T} e^{A_{2f}(T-\tau)} d\tau B_{2f}E \end{aligned} \tag{3.12}$$

同时,控制电路由下式决定

$$\frac{1}{R_0 C_0} \int_0^{dT} v_{C1}(\tau) d\tau = V_{ref} - w \tag{3.13}$$

写成向量形式的开关平面为

$$u(x_n, d) = z_1 \int_0^{dT} x(\tau) d\tau - V_{ref} + z_2 x(dT) = 0 \tag{3.14}$$

其中,$z_1 = (0 \ \ 1/R_0C_0 \ \ 0 \ \ 0 \ \ 0)$,$z_2 = (0 \ \ 0 \ \ 0 \ \ 0 \ \ 1)$。

求导数,得

$$\frac{\partial f}{\partial x_n} = e^{A_{2f}(1-d)T} e^{A_{1f}dT} \tag{3.15}$$

$$\frac{\partial f}{\partial d} = (A_{1f} - A_{2f})T e^{A_{2f}(1-d)T} e^{A_{1f}dT} x_n + e^{A_{2f}(1-d)T} A_{2f} A_{1f}^{-1} T(I - e^{A_{1f}dT}) B_{1f}E \\ \quad - e^{A_{2f}(1-d)T}(I - e^{A_{1f}dT}) T B_{1f}E \tag{3.16}$$

$$\frac{\partial u}{\partial d} = T z_1 (e^{A_{1f}dT} x_n - A_{1f}^{-1}(I - e^{A_{1f}dT}) B_{1f}E) + z_2(A_{1f}T e^{A_{1f}dT} x_n + T e^{A_{1f}dT} B_{1f}E) \tag{3.17}$$

$$\frac{\partial u}{\partial x_n} = z_1 A_{1f}^{-1}(e^{A_{1f}dT} - I) + z_2 e^{A_{1f}dT} \tag{3.18}$$

把式(3.15)~式(3.18)代入式(2.5),通过计算 Jacobian 矩阵,就可以使得变换器稳定运行。

3.4.2 k_1 对系统稳定性的影响

由于 washout 滤波器引入了两个新参数，k_1 和 k_2，所以必须确定这两个参数才能使变换器稳定运行。其中 k_2 是系统响应速度的主要决定因素，在此变换器中，采用 k_2=10 000。k_1 取值影响系统的稳定性，表 3.4 所示为当 k_1 从 1 变化的 21 时，计算得到的 Jacobian 矩阵特征根变化情况。

表 3.4 k_1 改变时特征根分布和电路运行状态
Table 3.4 Eigenvalues and circuit operating under various k_1

K_1	特征根	模	运行状态
1	0.851 0	0.851 0	周期 1
	0.998 0±j0.025 0	0.998 3	
	0.982 2±j0.057 0	0.983 9	
7	0.883 7	0.883 7	周期 1
	0.991 2±j0.056 4	0.992 8	
	0.980 4±j0.022 3	0.980 7	
11	0.995 8±j0.060 5	0.997 6	周期 1
	0.932 7±j0.010 9	0.932 8	
	0.980 5	0.980 5	
15	0.931 5±j0.045 8	0.932 6	振荡
	0.998 5±j0.065 0	1.000 6	
	0.988 4	0.988 4	
21	0.935 7±j0.064 9	0.937 9	振荡
	1.000 9±j0.071 9	1.003 5	
	0.992 2	0.992 2	

从表 3.4 可以看到，要使 washout 滤波器能够控制变换器中的分岔，k_1 的值必须在一个范围之内。对比表 3.2 和表 3.4 可以发现，采用 washout 滤波器之后，特征根的幅值相对变小。

如果选择 $k_1=8$，那么 $R_f=80\ \text{k}\Omega$，$R_b=10\ \text{k}\Omega$，$C_b=10\ \text{nF}$，$R_a=100\ \text{k}\Omega$。仿真波形如图 3.7 所示。可以看到，采用 washout 滤波器成功地对分岔进行了控制，变换器各个状态变量都稳定，同时，和参考电压相比，washout 滤波器输出电压很小，因此，washout 滤波器对电路的设计工作状态几乎没有影响。

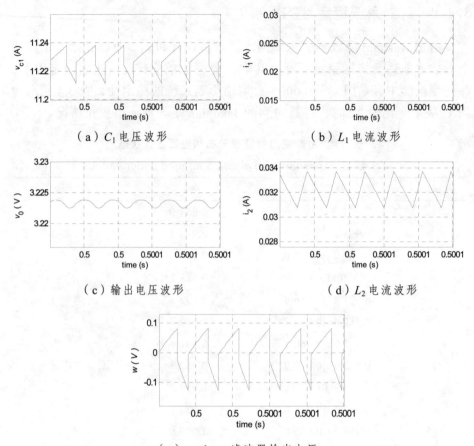

(e) washout 滤波器输出电压

图 3.7　单周期控制 Cuk 变换器采用 washout 滤波器时

Fig. 3.7　Simulation waveforms of the One-cycle controlled Cuk converter under washout filter control (a) capacitor voltage v_{c1} (b) inductor current i_1 (c) output voltage v_o (d) inductor current i_2 (e) washout filter output voltage w

3.4.3　washout 滤波器方法的特点

一般文献认为，washout 滤波器的一个优点是保持原系统的平衡点（或不动点）维持不变。这一点对于变换器这种分段光滑系统也适用。从式（3.10）可以看到，washout 滤波器输出电压的不动点为零。此时，新的参考电压就和原参考电压一样。变换器各个状态变量的不动点也保持不变。正如图 3.8 所示，在一个开关周期开始的时刻，即状态变量的采样时刻，washout 滤波器输出电压为零。

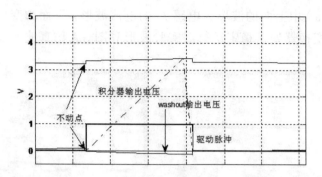

图 3.8 采用 washout 滤波器使得原系统不动点维持不变

Fig. 3.8 The fixed points of the original system keep unchanged after adopting washout filter

但是，对于变换器这种分段光滑系统而言，开关状态转换时刻也是一个很重要的时刻。图 3.8 中，当开关状态转换时，washout 滤波器输出电压并不为零，因此，此时积分器输出电压和原参考电压不一致。而这导致了变换器输出电压和设计值有差异，所以，要求 washout 滤波器输出电压在开关状态转换时刻尽可能小，以维持实际值和设计值的误差很小。

在 washout 滤波器中，如果 k_1 取值比较大，那么输出电压就比较大。因此，在满足表 3.4 所定义的取值范围内，k_1 应该选择较小的值。

由于在变换器的平均模型中，各个状态变量的平衡点无法像图 3.8 中那样表示，所以这个问题在平均模型中无法讨论，而只有像本章这样，采用离散模型才能清晰地分析这个问题。

总体来说，对于一般的非线性系统，washout 滤波器的优点是保持原来的平衡点不变，但是对于分段光滑系统，这种优点必须重新考虑。

3.5 单周期控制 Cuk 变换器分岔与分岔控制实验研究

按照前面理论分析的参数，对单周期控制 Cuk 变换器的分岔行为和分岔控制进行实验研究。

3.5.1 参考电压引起的分岔现象

当参考电压为 2.5 V、电阻为 150 Ω 时，变换器的波形如图 3.9 所示。

其中图 3.9(a)中上面的波形为电感 L_1 的电流波形,下面为变换器的输出电压波形。变换器处于稳定运行。实验波形和图 3.4 仿真波形以及数值计算结果一致。

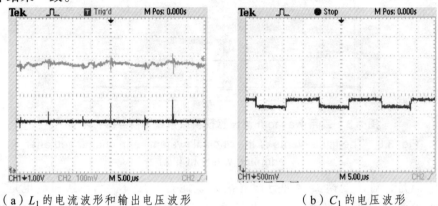

(a) L_1 的电流波形和输出电压波形　　　　(b) C_1 的电压波形

图 3.9　单周期控制 Cuk 变换器当参考电压为 2.5 V 时

Fig. 3.9　Experimental waveforms of the One-cycle controlled Cuk converter when the reference voltage is 3.3V　(a) inductor current i_1 and output voltage v_o　(b) capacitor voltage v_{c1}

当参考电压为 3.3 V 时,变换器的波形如图 3.10 所示。其中图 3.10(a)中上面的波形为电感 L_1 的电流波形,下面为变换器的输出电压波形。可以看到,变换器只有输入级发生了分岔从而出现振荡,而输出级则稳定。这和前面通过模型和仿真得到的结果一致。

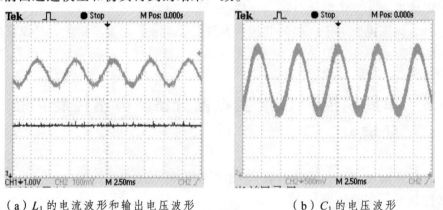

(a) L_1 的电流波形和输出电压波形　　　　(b) C_1 的电压波形

图 3.10　单周期控制 Cuk 变换器当参考电压为 3.3 V 时

Fig. 3.10　Experimental waveforms of the One-cycle controlled Cuk converter when the reference voltage is 3.3V　(a) inductor current i_1 and output voltage v_o　(b) capacitor voltage v_{c1}

3.5.2 负载电阻引起的分岔现象

当电阻减小为 $90\,\Omega$ 时,变换器的波形如图 3.11 所示。其中图 3.11(a)中上面的波形为变换器的输出电压波形,下面为电感 L_1 的电流波形。同样地,变换器只有输入级发生了分岔从而出现振荡,而输出级则稳定。这和前面通过模型计算和仿真得到的图 3.5 结果一致。

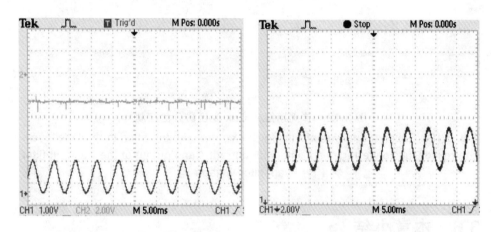

(a) L_1 的电流波形和输出电压波形   (b) C_1 的电压波形

图 3.11 单周期控制 Cuk 变换器当负载电阻为 $90\,\Omega$ 时

Fig. 3.11 Experimental waveforms of the One-cycle controlled Cuk converter when the load resistance is $90\,\Omega$ (a) inductor current i_1 and output voltage v_o (b) capacitor voltage v_{c1}

3.5.3 分岔控制实验

按照前面仿真当中的参数进行实验,波形如图 3.12 所示。其中图 3.12(a)中上面的波形为电感 L_1 的电流波形,下面的波形为 washout 滤波器的输出电压波形。此时,变换器稳定运行。因此,实现了对单周期控制 Cuk 变换器的分岔控制。图 3.12 和仿真波形图 3.7 以及计算得到的结果一致。从图 3.12 可以看到,washout 滤波器输出电压很小,远比参考电压小。因此用很小的扰动量就达到了稳定变换器的目的。washout 滤波器对变换器原稳态运行点影响很小。

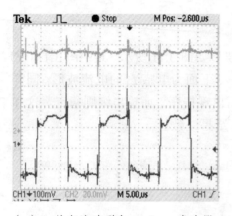 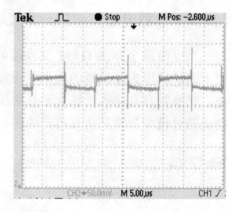

（a）L_1 的电流波形和 washout 滤波器输出电压波形　　　　（b）C_1 的电压波形

图 3.12　单周期控制 Cuk 变换器分岔控制

Fig. 3.12　Experimental waveforms for the control of bifurcation in the One-cycle controlled Cuk converter　（a）　inductor current i_1 and output of the washout filter　（b）　capacitor voltage v_{c1}

3.6　本章小结

　　Cuk 变换器主电路是四阶系统，各变量之间的耦合关系比较复杂。在不同的控制方式下会表现出各种不一样的动力学行为。如果用单周期方式进行控制，会使输入级出现振荡而输出级则稳定。本章采用离散模型分析了这种振荡现象发生的原因，根据 Jacobian 矩阵特征根确定了电路参数稳定范围。Jacobian 矩阵的特征根为两对共轭复数，其中一对会随着电路参数的变化而移出单位圆，而另外一对则几乎保持不变。采用 washout 滤波器对分岔进行了控制，使用输入级电容电压作为 washout 滤波器的输入。仿真和实验验证了所提方法。对 washout 滤波器在变换器使用中的特点进行了详细分析，研究表明，washout 滤波器中的参数应当选取在稳定边界附近，才能使得其对变换器原运行点影响较小。

4 单周期控制 Boost 功率因数校正变换器中的分岔现象分析

4.1 引　言

　　功率因数校正（PFC）变换器广泛应用于电子设备中。和 DC-DC 变换器不同，PFC 变换器的输入为正弦交流电压，而功率因数校正的目的则是要使得输入电流与输入电压同相位，保持正弦交流形状。许多拓扑结构都能应用于 PFC 中，而最常用的有 Boost 和 Cuk 等结构。本章研究单周期控制 Boost PFC 的动力学行为。传统的控制 Boost PFC 的方法将其当作一个电流型控制变换器。和一般电流型控制 DC-DC 变换器不同的是，为使输入电流和输入电压同相位，Boost PFC 中电流参考信号是由输入电压采样和 PFC 电压差放输出相乘得到，从而既能调节 PFC 输出电压大小，又能使电流参考信号的轮廓跟随输入电压，实现功率因数校正，因此传统的控制方法需要采用乘/除法器。单周期控制 PFC 和传统方法相比，有较好的优点，由于输入电压大小的信息包含在电感电流中，而单周期控制 PFC 方法在每个开关周期都利用这个电流进行控制，所以无需专门电路对输入电压进行检测，因此无需乘/除法器，所需元件更少，从而减小了设备体积，降低了成本。

　　由于单周期控制 PFC 中有两个工作频率，一个是器件开关频率，通常为几十至几百千赫兹，另一个是输入交流电频率，通常为几十赫兹，所以变换器会表现出这两种频率尺度上的动力学行为。就单周期控制 Boost PFC 而言，文献[132]通过建立开关频率尺度上的模型，得到了这个频率尺度上发生分岔的条件。而在输入交流电频率尺度上的非线性现象则少有深入分析。本章将讨论这种频率尺度上的分岔现象，以便在设计时准确定位电路参数范围。

4.2 单周期控制 Boost 功率因数校正变换器模型

单周期控制 Boost PFC 变换器如图 4.1 所示,图中输出电压 v_o 经过分压电阻 R_{f1} 和 R_{f2} 采样后和参考电压 V_{ref} 进行比较,而电压控制环的传递函数则是由差放 OA、C_p、C_z 和 R_{gm} 组成的网络决定。积分器、比较器和 RS 触发器组成 PWM 调制器,其目的是通过改变占空比,使得输入电流和输入电压同相位。

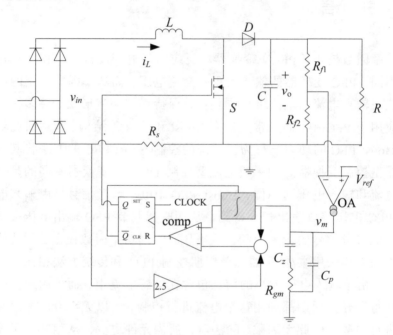

图 4.1 单周期控制 Boost 功率因数校正变换器

Fig. 4.1 One-cycle controlled Boost Power-Factor-Correction converter

对于 PFC 变换器的动力学行为,可以采用离散模型或者平均模型进行分析。在离散模型中,和 DC-DC 变换器一样,对变换器变量在固定间隔周期进行采样,根据电路运行原理,用映射来表示采样值之间的关系。由于输入交流电是一个正弦电压,且其频率远低于开关频率,所以在相邻的采样点之间,可以把输入交流电当成一个恒定值。而在分析一个周期的运行时,需要改变此电压值的大小。离散模型既可以分析开关频率尺度上的快时标动力学行为,又可以分析交流电尺度上的慢时标动力学行为。

而 PFC 变换器的平均模型则忽略了一个周期内电路的具体行为,用平均值代替瞬时值。因此,平均模型只能用来分析交流电尺度上的慢时标动力学行为。由于这里分析的是慢时标非线性现象,所以采用双平均方法[74]来建立此变换器的低频平均模型。

4.2.1 一次平均

图 4.1 所示的变换器采用的是电感电流瞬时值控制方式,采样电阻 R_s 采样的是电感电流值,并且用其瞬时值来进行控制。在一个开关脉冲到来时,RS 触发器置位,从而使得开关 S 导通,同时积分器开始工作;当控制电路使得 RS 触发器复位时,开关 S 关断,同时对积分器进行复位,以便下一个开关周期的工作。因此,这里采用的是后沿调制方式。

根据开关管的状态,可以得到变换器的开关模型如下:

开关管导通时:
$$\begin{cases} \dfrac{\mathrm{d}i_L}{\mathrm{d}t} = \dfrac{1}{L}v_{in} \\ \dfrac{\mathrm{d}v_o}{\mathrm{d}t} = \dfrac{-1}{RC}v_o \end{cases};$$

开关管关断时:
$$\begin{cases} \dfrac{\mathrm{d}i_L}{\mathrm{d}t} = \dfrac{1}{L}(v_{in} - v_o) \\ \dfrac{\mathrm{d}v_o}{\mathrm{d}t} = \dfrac{1}{C}\left(i_L - \dfrac{v_o}{R}\right) \end{cases}。$$

一次平均就是在一个开关周期内,对变量进行常规的平均过程。对上述开关模型进行一次平均可以得到变换器的平均模型为

$$\begin{cases} (1-d)v_o = v_{in} - L\dfrac{\mathrm{d}i_L}{\mathrm{d}t} \\ (1-d)i_L = C\dfrac{\mathrm{d}v_o}{\mathrm{d}t} + \dfrac{v_o}{R} \end{cases} \quad (4.1)$$

把式(4.1)中的占空比 d 消掉得到

$$\dfrac{C}{2}\dfrac{\mathrm{d}v_o^2}{\mathrm{d}t} = -\dfrac{v_o^2}{R} + i_L v_{in} - \dfrac{L}{2}\dfrac{\mathrm{d}i_L^2}{\mathrm{d}t} \quad (4.2)$$

正如文献[74]所述,当变换器稳定工作时,在一个开关周期内电感的动力学行为可以忽略。因此有

$$\frac{C}{2}\frac{dv_o^2}{dt} = -\frac{v_o^2}{R} + i_L v_{in} \tag{4.3}$$

而根据此变换器的工作原理[132]，有

$$R_s i_L(t) = v_m / M(d) \tag{4.4}$$

同时，输出电压和输入电压满足

$$v_o / v_{in} = M(d) \tag{4.5}$$

从式（4.4）和式（4.5）得到

$$i_L(t) = v_{in} v_m / (R_s v_o) \tag{4.6}$$

把式（4.6）代入式（4.3），得到

$$\frac{C}{2}\frac{dv_o^2}{dt} = -\frac{v_o^2}{R} + \frac{v_m}{R_s v_o} V_{in}^2 (1 - \cos 2\omega_m t) \tag{4.7}$$

另一方面，从图 4.1 可以知道，对于控制电路来说，电压控制环的传递函数可描述为

$$H(s) = \frac{g_m(1 + sR_{gm}C_z)}{s(C_z + C_p + sR_{gm}C_zC_p)} \tag{4.8}$$

由于 C_p 取值通常使得极点位置远高于这里所研究的慢时标行为，所以式（4.8）可以简化为

$$H(s) = \frac{g_m(1 + sR_{gm}C_z)}{sC_z} \tag{4.9}$$

因此，图 4.1 所示的控制电路可以描述为

$$C_z \frac{dv_m}{dt} = g_m(V_{ref} - \frac{R_{f2}}{R_{f1} + R_{f2}} v_o) - g_m R_{gm} C_z \frac{R_{f2}}{R_{f1} + R_{f2}} \frac{dv_o}{dt} \tag{4.10}$$

其中，g_m 为运放 OA 的跨导系数。为了简化分析，把式（4.6）中的 v_o 用其稳态直流值来代替，这种方法虽然会带来一些误差，但是能够使得计算简便，同时误差在较小范围之内。从控制电路可以得到

$$i_L(t) = \frac{v_{in} v_m R_{f2}}{R_s(R_{f1} + R_{f2})V_{ref}} \tag{4.11}$$

所以，此变换器的慢时标动力学行为就可以表述为

$$\begin{cases} \dfrac{C}{2}\dfrac{\mathrm{d}x^2}{\mathrm{d}t} = -\dfrac{x^2}{R} + \dfrac{y}{R_s(1+\beta)V_{ref}}V_{in}^2(1-\cos 2\omega_m t) \\ C_z\dfrac{\mathrm{d}y}{\mathrm{d}t} = g_m(V_{ref} - \dfrac{1}{1+\beta}x) - g_m R_{gm} C_z \dfrac{1}{1+\beta}\dfrac{\mathrm{d}x}{\mathrm{d}t} \end{cases} \quad (4.12)$$

其中，$v_m = y$，$v_o = x$，$\beta = R_{f1}/R_{f2}$。

4.2.2 二次平均

二次平均需要在输入电压频率 ω_m 尺度上进行滑动平均。PFC 变换器模型式（4.12）中各变量的稳态周期解频率都为 $2\omega_m$，而当变换器表现出慢时标倍周期分岔的时候，各变量的周期都为 ω_m，因此，如果以 ω_m 为基波周期对各变量进行滑动平均（即傅里叶分解），那么各变量可以表示为基波分量、ω_m 分量、$2\omega_m$ 分量…之和。当变换器以 $2\omega_m$ 为周期稳定运行时，ω_m 分量幅值应该很小。而在慢时标倍周期分岔的情况下，ω_m 分量幅值超过 $2\omega_m$ 分量幅值。因此可以通过对 ω_m 分量的分析，来判断变换器是否表现出分岔。

对于图 4.1 所示的变换器，由于本文分析的是其出现的第一个倍周期分岔，所以只需考虑任意一个信号 $u(t)$ 的基波分量、一次谐波分量（ω_m 分量）和二次谐波分量（$2\omega_m$ 分量），这是由于更高次谐波分量的幅值非常小，在分析第一个倍周期分岔时可以忽略。于是

$$u(t) = U_0 + U_1\sin(\omega_m t + \theta_1) + U_2\sin(2\omega_m t + \theta_2) \quad (4.13)$$

如果要分析第一个倍周期分岔之后系统的动力学行为，由于此时系统的行为由更高次谐波决定，所以需要考虑这些谐波对系统的影响才能预测变换器的工作状况。

根据文献[74]中的方法，定义

$$u_k = \dfrac{\omega_m}{2\pi}\int_{t-\frac{2\pi}{\omega_m}}^{t} u(\tau)\exp(-jk\omega_m\tau)\mathrm{d}\tau \quad (k=0,1,2) \quad (4.14)$$

从而

$$u(t) = u_0 + \sum_{k=1,2}\left(u_k e^{jk\omega_m t} + \left(u_k e^{jk\omega_m t}\right)^*\right) \quad (4.15)$$

另外，还有

$$\left(\dfrac{\mathrm{d}u(t)}{\mathrm{d}t}\right)_k = \dfrac{\mathrm{d}u_k(t)}{\mathrm{d}t} + jk\omega_m u_k \quad (4.16)$$

$$(u(t)\cos 2\omega_m t)_k = \frac{1}{2}(u_{k-2} + u_{k+2}) \tag{4.17}$$

$$(u^2(t))_0 = u_0^2 + 2|u_1|^2 + 2|u_2|^2 \tag{4.18}$$

$$(u^2(t))_1 = 2u_0 u_1 + 2(u_{1r}u_{2r} + u_{1i}u_{2i} + j(u_{1r}u_{2i} - u_{1i}u_{2r})) \tag{4.19}$$

$$(u^2(t))_2 = (u_1^*)^2 + 2u_0 u_2 \tag{4.20}$$

根据式（4.13）~式（4.20）对模型（4.12）进行二次平均，并使用谐波平衡法，得到

$$\frac{C}{2}\frac{d}{dt}(x_0^2 + 2x_{1r}^2 + 2x_{1i}^2 + 2x_{2r}^2 + 2x_{2i}^2) + \frac{1}{R}(x_0^2 + 2x_{1r}^2 + 2x_{1i}^2 + 2x_{2r}^2 + 2x_{2i}^2)$$

$$= \frac{V_{in}^2}{R_s(1+\beta)V_{ref}}(y_0 - y_{2r}) \tag{4.21}$$

$$\frac{C}{2}\frac{d}{dt}(x_0 x_1 + x_{1r}x_{2r} + x_{1i}x_{2i} + j(x_{1r}x_{2i} - x_{1i}x_{2r}))$$

$$+ \left(j\frac{\omega_m C}{2} + \frac{1}{R}\right)(x_0 x_1 + x_{1r}x_{2r} + x_{1i}x_{2i} + j(x_{1r}x_{2i} - x_{1i}x_{2r}))$$

$$= \frac{V_{in}^2}{R_s(1+\beta)V_{ref}}\left(\frac{y_1}{2} - \frac{y_{-1}}{4}\right) \tag{4.22}$$

$$\frac{C}{2}\frac{d}{dt}\left((x_1^*)^2 + 2x_0 x_2\right) + \left(j\omega_m C + \frac{1}{R}\right)\left((x_1^*)^2 + 2x_0 x_2\right)$$

$$= \frac{V_{in}^2}{R_s(1+\beta)V_{ref}}\left(y_2 - \frac{1}{2}y_0\right) \tag{4.23}$$

$$C_z \frac{d}{dt} y_0 = g_m\left(V_{ref} - \frac{1}{1+\beta}x_0\right) - g_m R_{gm} C_z \frac{1}{1+\beta}\frac{d}{dt}x_0 \tag{4.24}$$

$$C_z\left(\frac{d}{dt}y_1 + j\omega_m y_1\right) = -g_m \frac{1}{1+\beta}x_1 - g_m R_{gm} C_z \frac{1}{1+\beta}\left(\frac{d}{dt}x_1 + j\omega_m x_1\right) \tag{4.25}$$

$$C_z\left(\frac{d}{dt}y_2 + j2\omega_m y_2\right) = -g_m \frac{1}{1+\beta}x_2 - g_m R_{gm} C_z \frac{1}{1+\beta}\left(\frac{d}{dt}x_2 + j2\omega_m x_2\right) \tag{4.26}$$

式（4.21）~式（4.26）就是单周期控制 Boost PFC 变换器的双平均模型，分别表征了主电路和控制电路的直流分量、一次谐波分量和二次谐波分量的动力学行为。

4.3 单周期控制 Boost 功率因数校正变换器稳定性分析

根据上节的单周期控制 Boos PFC 变换器双平均模型进行稳定性分析，可以有多种方法。文献[74]采用了 Barkhausen 准则来判断，即：当变换器出现倍周期分岔时，意味着双平均模型中 x_1 分量的环路增益的绝对值大于 1。只有当这个值小于 1 的时候，x_1 分量才不会发生振荡；而只有 x_2 分量在系统中占据主要因素，变换器才表现出 $2\omega_m$ 频率上的稳定性。文献[87]采用了求特征根的方法，这种方法和文献[74]中的方法等效。本节采用第二种方法来分析。

4.3.1 一次谐波分量的分析

在双平均模型式（4.21）~ 式（4.26）中，令导数为零就可以得到各分量的稳态值。因此，式（4.22）成为

$$\left(j\frac{\omega_m C}{2}+\frac{1}{R}\right)\left(x_0 x_{1r}+x_{1r}x_{2r}+x_{1i}x_{2i}+j(x_0 x_{1i}+x_{1r}x_{2i}-x_{1i}x_{2r})\right)$$
$$=\frac{V_{in}^2}{R_s(1+\beta)V_{ref}}\left(\frac{y_{1r}}{4}+j\frac{3y_{1i}}{4}\right) \tag{4.27}$$

在式（4.27）中，取等号左右两边实部和虚部分别相等，得到

$$\begin{cases}\dfrac{1}{R}(x_0 x_{1r}+x_{1r}x_{2r}+x_{1i}x_{2i})-\dfrac{\omega_m C}{2}(x_0 x_{1i}+x_{1r}x_{2i}-x_{1i}x_{2r})=\dfrac{V_{in}^2}{R_s(1+\beta)V_{ref}}\dfrac{y_{1r}}{4}\\ \dfrac{\omega_m C}{2}(x_0 x_{1r}+x_{1r}x_{2r}+x_{1i}x_{2i})+\dfrac{1}{R}(x_0 x_{1i}+x_{1r}x_{2i}-x_{1i}x_{2r})=\dfrac{V_{in}^2}{R_s(1+\beta)V_{ref}}\dfrac{3y_{1i}}{4}\end{cases} \tag{4.28}$$

通过式（4.28）可以求得

$$\begin{pmatrix}x_{1r}\\ x_{1i}\end{pmatrix}=\frac{\dfrac{V_{in}^2}{4R_s(1+\beta)V_{ref}}}{\left(\dfrac{1}{R^2}+\dfrac{\omega_m^2 C^2}{4}\right)\left(x_0^2-(x_{2r}^2+x_{2i}^2)\right)}$$
$$\times\begin{pmatrix}\dfrac{x_0-x_{2r}}{R}+\dfrac{\omega_m C x_{2i}}{2} & -3\left(\dfrac{x_{2i}}{R}-\dfrac{\omega_m C(x_0-x_{2r})}{2}\right)\\ -\dfrac{x_{2i}}{R}-\dfrac{\omega_m C(x_0+x_{2r})}{2} & 3\left(\dfrac{x_0+x_{2r}}{R}-\dfrac{\omega_m C x_{2i}}{2}\right)\end{pmatrix}\begin{pmatrix}y_{1r}\\ y_{1i}\end{pmatrix} \tag{4.29}$$

令双平均模型中式（4.25）的导数为零得到

$$C_z j\omega_m (y_{1r} + jy_{1i}) = -g_m \frac{1}{1+\beta}(x_{1r} + jx_{1i}) - g_m R_{gm} C_z \frac{1}{1+\beta} j\omega_m (x_{1r} + jx_{1i}) \quad (4.30)$$

在式（4.30）中，取等号左右两边实部和虚部分别相等，得到

$$\begin{cases} -C_z \omega_m y_{1i} = -g_m \dfrac{1}{1+\beta} x_{1r} + g_m R_{gm} C_z \dfrac{1}{1+\beta} \omega_m x_{1i} \\ C_z \omega_m y_{1r} = -g_m \dfrac{1}{1+\beta} x_{1i} - g_m R_{gm} C_z \dfrac{1}{1+\beta} \omega_m x_{1r} \end{cases} \quad (4.31)$$

通过式（4.31）可以求得

$$\begin{pmatrix} y_{1r} \\ y_{1i} \end{pmatrix} = \frac{1}{C_z \omega_m} \begin{pmatrix} -g_m R_{gm} C_z \dfrac{1}{1+\beta} \omega_m & -g_m \dfrac{1}{1+\beta} \\ g_m \dfrac{1}{1+\beta} & -g_m R_{gm} C_z \dfrac{1}{1+\beta} \omega_m \end{pmatrix} \begin{pmatrix} x_{1r} \\ x_{1i} \end{pmatrix} \quad (4.32)$$

式（4.29）表示的是一次谐波分量在变换器功率级主电路中的传递函数，而式（4.32）表示的是一次谐波分量在变换器控制电路中的传递函数，由于主电路和控制

电路闭合构成整个系统，因此需要把（4.29）和（4.32）合并起来进行研究。于是在本文所研究的慢时标动力学行为中，整个变换器的信号传递函数为式（4.33）。式（4.33）中的 M 包含了基波分量和二次谐波分量，还需要求解这些分量。

$$M = \frac{1}{C_z \omega_m} \begin{pmatrix} -g_m R_{gm} C_z \dfrac{1}{1+\beta} \omega_m & -g_m \dfrac{1}{1+\beta} \\ g_m \dfrac{1}{1+\beta} & -g_m R_{gm} C_z \dfrac{1}{1+\beta} \omega_m \end{pmatrix}$$

$$\times \frac{\dfrac{V_{in}^2}{4R_s(1+\beta)V_{ref}}}{\left(\dfrac{1}{R^2} + \dfrac{\omega_m^2 C^2}{4}\right)\left(x_0^2 - (x_{2r}^2 + x_{2i}^2)\right)}$$

$$\times \begin{pmatrix} \dfrac{x_0 - x_{2r}}{R} + \dfrac{\omega_m C x_{2i}}{2} & -3\left(\dfrac{x_{2i}}{R} - \dfrac{\omega_m C (x_0 - x_{2r})}{2}\right) \\ -\dfrac{x_{2i}}{R} - \dfrac{\omega_m C (x_0 + x_{2r})}{2} & 3\left(\dfrac{x_0 + x_{2r}}{R} - \dfrac{\omega_m C x_{2i}}{2}\right) \end{pmatrix} \quad (4.33)$$

4.3.2 基波分量和二次谐波分量的分析

在分析式（4.21）时，由于一次谐波分量远小于基波分量和二次谐波分量，因此式（4.21）可以简化为

$$\frac{C}{2}\frac{\mathrm{d}}{\mathrm{d}t}\left(x_0^2 + 2x_{2r}^2 + 2x_{2i}^2\right) + \frac{1}{R}\left(x_0^2 + 2x_{2r}^2 + 2x_{2i}^2\right) = \frac{V_{in}^2}{R_s(1+\beta)V_{ref}}(y_0 - y_{2r}) \quad (4.34)$$

同样地，式（4.23）可以简化为

$$\frac{C}{2}\frac{\mathrm{d}}{\mathrm{d}t}(2x_0x_2) + \left(\mathrm{j}\omega_m C + \frac{1}{R}\right)(2x_0x_2) = \frac{V_{in}^2}{R_s(1+\beta)V_{ref}}\left(y_2 - \frac{1}{2}y_0\right) \quad (4.35)$$

因此，式（4.24）、式（4.26）、式（4.34）和式（4.35）就构成了分析直流分量和二次谐波分量的模型。让这些式中的导数为零，得到

$$\frac{1}{R}\left(x_0^2 + 2x_{2r}^2 + 2x_{2i}^2\right) = \frac{V_{in}^2}{R_s(1+\beta)V_{ref}}(y_0 - y_{2r}) \quad (4.36)$$

$$\left(\mathrm{j}\omega_m C + \frac{1}{R}\right)(2x_0x_2) = \frac{V_{in}^2}{R_s(1+\beta)V_{ref}}\left(y_2 - \frac{1}{2}y_0\right) \quad (4.37)$$

$$g_m\left(V_{ref} - \frac{1}{1+\beta}x_0\right) = 0 \quad (4.38)$$

$$\mathrm{j}2C_z\omega_m y_2 = -g_m\frac{1}{1+\beta}x_2 - \mathrm{j}2\omega_m g_m R_{gm}C_z\frac{1}{1+\beta}x_2 \quad (4.39)$$

从式（4.36）~式（4.39）就可以得到直流分量和二次谐波分量的表达式。其中直流分量的稳态值为

$$x_0 = (1+\beta)V_{ref} \quad (4.40)$$

在满足式（4.40）的情况下，可以知道，二次谐波分量的稳态值为零。

4.3.3 单周期控制 Boost 功率因数校正变换器稳定性条件

得到直流分量和二次谐波分量稳态值之后，就可以按照式（4.31）对单周期控制功率因数校正变换器进行分析，首先对式（4.33）进行简化，从而有

$$M = \frac{g_m}{C_z \omega_m} \frac{\dfrac{V_{in}^2}{4R_s(1+\beta)V_{ref}}}{\left(\dfrac{1}{R^2} + \dfrac{\omega_m^2 C^2}{4}\right) x_0^2} \cdot$$

$$\begin{pmatrix} -R_{gm}C_z \dfrac{1}{1+\beta}\omega_m \dfrac{x_0}{R} + \dfrac{\omega_m C x_0}{2(1+\beta)} & -R_{gm}C_z \dfrac{1}{1+\beta}\omega_m \dfrac{3\omega_m C x_0}{2} - \dfrac{3x_0}{R(1+\beta)} \\ \dfrac{1}{1+\beta}\dfrac{x_0}{R} + R_{gm}C_z \dfrac{1}{1+\beta}\omega_m \dfrac{\omega_m C x_0}{2} & \dfrac{1}{1+\beta}\dfrac{3\omega_m C x_0}{2} - R_{gm}C_z \dfrac{1}{1+\beta}\omega_m \dfrac{3x_0}{R} \end{pmatrix} \quad (4.41)$$

这样得到的式（4.41）就能用来对变换器的稳定性进行分析。按照[87]中的方法，当式（4.41）中 M 的特征根绝对值都小于 1 时，一次谐波分量才能收敛，从而使得变换器稳定。当其中一个值位于 1 附近时，变换器开始出现慢时标倍周期分岔现象，导致输入电流的频率和交流电频率相同，为 ω_m。

4.4　单周期控制 Boost 功率因数校正变换器稳定边界分析

根据式（4.41）就可以通过数值计算来确定单周期控制 Boost 功率因数校正变换器的稳定边界，在未另外说明时，本节分析所采用的参数如表 4.1 所示。

表 4.1　单周期控制 Boost 功率因数校正变换器电路参数
Table 4.1　Parameter values used in the One-cycle controlled Boost PFC converter

参数名称	参数值	参数名称	参数值
V_{in}	70 V	R_{gm}	35 kΩ
ω_m	100π rad/s	C_z	30 nF
L	2 mH	V_{ref}	7 V
C	30 μF	R_s	0.25 Ω
R_{f1}	998 kΩ	R（load）	1 000 Ω
R_{f2}	18.3 kΩ		

在表 4.1 所示的参数情况下，变换器波形如图 4.2 所示。可以看到，

此时输出电压和电感电流的工作周期是交流电周期的 2 倍，即 $2\omega_m$，变换器稳定工作。而根据式（4.41）计算的两个特征根都为实根，并位于单位圆内，所以根据式（4.41）判断得到变换器稳定运行，和图 4.2 波形得到的结果一致。当 R_{gm} 减小到 $10\,\text{k}\Omega$ 时，变换器波形如图 4.3 所示。此时输出电压和电感电流工作周期和交流电周期相同，即 ω_m，变换器表现出慢时标倍周期分岔现象。从式（4.41）计算得到的特征根一个实根位于单位圆内，另一个实根大于 1，因此可以断定此时变换器出现慢时标倍周期分岔，这样从式（4.41）得到的结论和图 4.3 波形也相符合。

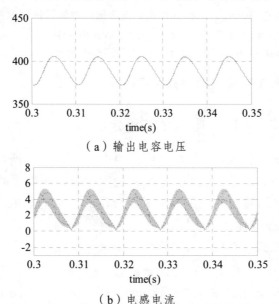

（a）输出电容电压

（b）电感电流

图 4.2　单周期控制 Boost 功率因数校正变换器稳定工作波形图

Fig. 4.2　Waveforms for the One-cycle controlled Boost converter showing stable operation. (a)　PFC output voltage　(b) inductor current

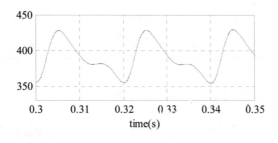

（a）输出电容电压

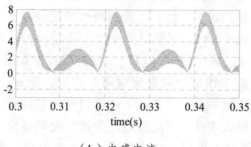

(b)电感电流

图 4.3 单周期控制 Boost 功率因数校正变换器出现慢时标倍周期分岔时工作波形图

Fig. 4.3 Waveforms for the One-cycle controlled Boost converter showing slow-scale period-doubling bifurcation. (a) PFC output voltage (b) inductor current

本节分析几个主要电路参数稳定边界。

4.4.1 输入电压 V_{in} 和电容 C 的稳定边界

当 $C_z = 0.03\,\mu F$，$R_{gm} = 15\,k\Omega$，而其他参数如表 4.1 所示时，在不同的输入电压情况下，为了使 PFC 变换器稳定运行，所需要的最小的电容 C 如表 4.2 所示。随着输入电压的增大，所需的最小电容也增大，这和文献[74]中的情况类似。同时，根据上一节计算得到的值和仿真得到的值也较接近，所以模型式（4.41）可以近似地用来分析变换器。

表 4.2 V_{in} 改变时 C 的稳定边界

Table 4.2 Stability boundary of C under various V_{in}

V_{in}	C 边界仿真值	C 边界计算值
70 V	35 μF	41 μF
80 V	51 μF	55 μF
90 V	68 μF	73 μF
100 V	86 μF	92 μF

4.4.2 电容 C_z 和电阻 R_{gm} 的稳定边界

在表 4.1 所示的参数情况下，改变 C_z 时得到的 R_{gm} 的最小值如表 4.3 所示。为了使变换器稳定，R_{gm} 必须大于表中的值。可以看到，随着 C_z 的增大，所需要的 R_{gm} 值减小。表中仿真得到的值和计算得到的值有些误差，这主要是由于在建立模型的过程中采用了近似的方法。计算得到的 R_{gm} 值随着 C_z 的增大而减小这个趋势未变。

表 4.3 C_z 改变时 R_{gm} 的稳定边界

Table 4.3 Stability boundary of R_{gm} under various C_z

C_z	R_{gm} 边界仿真值	R_{gm} 边界计算值
0.02 μF	34 kΩ	58 kΩ
0.03 μF	18.7 kΩ	33.8 kΩ
0.033 μF	11.3 kΩ	25.6 kΩ

4.4.3 电阻 R_{gm} 和分压比 β 的稳定边界

分压比 β 反映了变换器输出电压的大小，这里主要研究在不同的分压比情况下，稳定变换器所需要的电阻 R_{gm} 值的大小。选择 $C_z = 0.033\,\mu F$，其他参数如表 4.1 所示，表 4.4 为不同分压比 β 时确保稳定运行所需要的最小 R_{gm} 值。从表 4.4 可以看到，随着分压比的增大，即输出电压的升高，使得变换器稳定运行所需要的最小 R_{gm} 值减小，这和文献[74]中的情况类似，同时也和 4.4.1 节中的情况相印证。从表 4.3 和表 4.4 可以看到，这两个表中通过仿真实验得到的值和通过计算得到的值虽然变化趋势相同，但是有一些误差，造成这种误差的原因在于建立变换器的模型时采用了近似的方法，使得模型为近似模型。这两个表的共同特点是计算得到的值比实验得到的值大，因此，按照计算得到的值能够确保系统稳定运行。

表 4.4 β 改变时 R_{gm} 的稳定边界

Table 4.4 Stability boundary of R_{gm} under various β

β	R_{gm} 边界仿真值	R_{gm} 边界计算值
53.054	17.17 kΩ	30 kΩ
53.645	16.3 kΩ	29 kΩ
55.497	15.3 kΩ	26.4 kΩ
56.143	13.3 kΩ	24.6 kΩ

4.5　本章小结

　　本章分析了单周期控制 Boost PFC 变换器的稳定性问题。通过在一个开关周期内的一次平均建立了平均模型，通过二次平均和谐波平衡法建立了以 ω_m 为基波频率的模型，通过线性化分析得到了变换器参数的稳定边界表达式。由于在建模的过程中采用了近似的方法，所以得到的稳定边界表达式也是一个近似表达式，和仿真实验得到的数值有一些误差，如果需要更精确的数值，就需要在建模过程中不采用近似方法，但是这样得到的模型远比本章的模型复杂。从本章分析中可以看到，使用近似模型得到的参数值一般能使变换器稳定运行。

5 平均电流模式控制 Boost 功率因数校正变换器中的慢时标倍周期分岔控制

5.1 引　言

传统的控制功率因数校正变换器的方法中，根据电流控制环节结构的不同，有峰值电流控制型和平均电流控制型之分。在电流畸变程度、噪声敏感度和环路增益等方面，平均电流控制型都优于峰值电流控制型，因此，工业设备中广泛采用平均电流控制型方法，很多专用功率因数校正集成芯片都采用这种方法。因此有必要对这种控制方式的 PFC 变换器进行透彻的研究。在工程实践中，一般采用线性模型来分析此变换器，因此对其可能出现的运行状态认识很有限，无法预测各种非线性现象。

现有文献表明，平均电流模式控制的功率因数校正变换器会表现出开关频率尺度上的快时标不稳定现象和输入电压频率尺度上的慢时标不稳定现象。在一个输入交流电周期内，当输入电压较小时，可能有分岔和混沌现象。这种快时标不稳定现象一般采用采样数据模型来分析。文献[85]分析了峰值电流模式控制 Boost PFC 变换器的不稳定现象，使用周期性改变开关平面的方法来控制这种不稳定现象。另一方面，在输出功率较小、PFC 变换器输出级滤波电容较小的情况下，平均电流模式控制的功率因数校正变换器会出现输入交流电频率尺度上的倍周期分岔。和开关频率尺度上的分岔引起的功率因数下降程度相比，这种慢时标分岔引起的功率因数下降程度更严重，它使得此时变换器功率因数和未采用 PFC 的二极管整流桥方式的功率因数相当。因此，这种分岔给电路带来的危害更严重，必须采取措施消除掉。

文献[90]采用延迟时间控制方法消除了上述慢时标分岔，这种方法的优点是所需要知道的唯一参数是延迟时间控制器输入信号的周期，即不稳定周期轨道的周期。由于文献[90]中使用了 PFC 输出电压作为延迟时间控制器的输入，因此必须预先知道输入交流电的频率。常用的 PFC 控制芯片都是采用模拟电路技术制造，而延迟时间控制器需要把输出电压经过模/数变换转换为数字信号，然后用数字电路进行延迟，接着再采用数/模变换将延迟后的数字信号转换为模拟信号，所以这种控制器实现起来非常复杂，在现有的 PFC 控制芯片中实现这种控制方法成本非常高。本章将采用 washout 滤波器来消除平均电流控制型 Boost PFC 变换器中的慢时标倍周期分岔，由于芯片设计者可以采用模拟电路技术在现有 PFC 芯片中实现 washout 滤波器，所以本方法所用的器件比延迟时间控制器方便许多，更容易电路实现，有助于 PFC 变换器工作性能的提高。

5.2 平均电流模式控制 Boost 功率因数校正变换器中的慢时标倍周期分岔现象

本节简要描述平均电流模式控制 Boost 功率因数校正变换器的原理、低频平均模型建模方法以及其中的慢时标倍周期分岔现象。

5.2.1 平均电流模式控制 Boost 功率因数校正变换器的平均模型

平均电流模型控制 Boost 功率因数校正变换器如图 5.1 所示，图中功率级采用 Boost 变换器结构，而控制电路采用 UC3854A 的控制方式。控制电路有两个控制环，即电压环和电流环。变换器输出电压经过采样和参考电压 V_{ref} 相比较，产生 v_{fb}，电压环的作用是使得输出电压稳定。另一方面，v_{fb} 和一个恒值电压 1.5 V 相减，再经过乘法器，产生电流参考信号 i_{ref}，输入到电流环，电流环使得变换器的输入电流和参考电流同相位。在这个变换器中，假定电流环稳定工作，从而忽略快时标不稳定现象，只考虑慢时标不稳定现象。

在图 5.1 中，负载可以是一个电阻，此时变换器称为预调节器；也可以是一个 DC-DC 变换器，此时整个电路成为一个完整的两级 PFC 变换器。

对该系统的非线性现象进行分析，有多种方法。文献[71]提出了一种较好的模型并提出了在相空间判断分岔现象的方法，采用实验方法验证了所提模型和分析方法的正确性。文献[74]提出了双平均方法，通过建立双平均模型并采用谐波平衡得到直流分量、一次谐波分量和二次谐波分量模

5 平均电流模式控制 Boost 功率因数校正变换器中的慢时标倍周期分岔控制

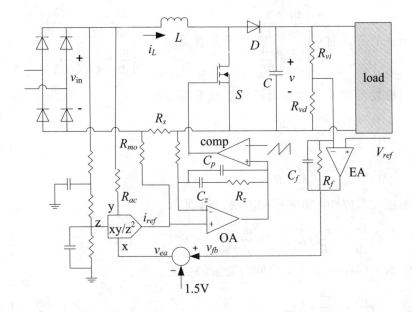

图 5.1 平均电流模式控制 Boost 功率因数校正变换器

Fig. 5.1 Average current mode controlled Boost power factor correction converter

型，通过采用合理的假设，根据 Barkhausen 准则来判断是否发生分岔。文献[87]则分析了完整的两级 PFC 变换器的非线性现象，所采用的方法也是双平均模型。而文献[91]则分析了二次谐波对变换器稳定性的影响。还有一种方法是文献[92]中提出的采用 Floquet 理论和谐波平衡结合的方法，它的基本原理在于：由于此功率因数校正变换器输入为正弦波，变换器工作的平衡态也具有周期性，其周期为输入交流电周期的一半；通过低频模型，可以用谐波平衡的方法求解出平衡态，通过 Floquet 理论判断这个平衡态的稳定性。这个过程和 DC-DC 变换器中非线性现象分析方法很相似，但也有不同点。不同之处在于 DC-DC 变换器的平衡态是一个固定的不动点（或平衡点），没有周期性，计算过程相对简单；功率因数校正变换器在计算周期平衡态时需要恰当选择谐波平衡法中所取的谐波阶次，以使计算结果足够精确。两种变换器所采用的 Floquet 理论完全一致。上述几种方法，虽然各有优点，但是它们得到的结果完全一致。从控制慢时标倍周期分岔的目的出发，这里采用考虑二次谐波分量的方法。

图 5.1 所示功率因数校正变换器电阻负载时开关模型为：

开关管导通时：$\begin{cases}\dfrac{\mathrm{d}i_L}{\mathrm{d}t}=\dfrac{1}{L}v_{in}\\ \dfrac{\mathrm{d}v}{\mathrm{d}t}=\dfrac{-1}{RC}v\end{cases}$；开关管关断时：$\begin{cases}\dfrac{\mathrm{d}i_L}{\mathrm{d}t}=\dfrac{1}{L}(v_{in}-v)\\ \dfrac{\mathrm{d}v}{\mathrm{d}t}=\dfrac{1}{C}\left(i_L-\dfrac{v}{R}\right)\end{cases}$ （5.1）

对变换器在一个开关周期内进行平均得到

$$\begin{cases}(1-d)v=v_{in}-L\dfrac{\mathrm{d}i_L}{\mathrm{d}t}\\ (1-d)i_L=C\dfrac{\mathrm{d}v}{\mathrm{d}t}+\dfrac{v}{R}\end{cases} \quad (5.2)$$

根据文献[74]中功率平衡方法，得到

$$Cv\dfrac{\mathrm{d}v}{\mathrm{d}t}=-\dfrac{v^2}{R}+i_Lv_{in}-Li_L\dfrac{\mathrm{d}i_L}{\mathrm{d}t} \quad (5.3)$$

忽略电感在一个开关周期内能量的变化，得到

$$Cv\dfrac{\mathrm{d}v}{\mathrm{d}t}=-\dfrac{v^2}{R}+i_Lv_{in} \quad (5.4)$$

根据电流环的工作原理，变换器输入电流和参考电流满足

$$i_L=i_{ref}\times R_{mo}/R_s \quad (5.5)$$

而从图5.1得到参考电流的表达式为

$$i_{ref}=\dfrac{v_{in}}{v_{ff}^2 R_{ac}}v_{ea} \quad (5.6)$$

其中 v_{ff} 由一个二阶网络产生，且满足

$$\begin{cases}R_{ff2}C_{ff2}\dfrac{\mathrm{d}v_{ff}}{\mathrm{d}t}=v_{ff}^{'}-v_{ff}-\dfrac{R_{ff2}v_{ff}}{R_{ff3}}\\ R_{ff2}C_{ff1}\dfrac{\mathrm{d}v_{ff}^{'}}{\mathrm{d}t}=-v_{ff}^{'}+v_{ff}+\dfrac{R_{ff2}(v_{in}-v_{ff}^{'})}{R_{ff1}}\end{cases} \quad (5.7)$$

在实际电路中，一般通过合适地选择二阶网络中的元件使得 v_{ff} 成为一个稳定值。这样从式（5.4）~式（5.6）得到

$$v\dfrac{\mathrm{d}v}{\mathrm{d}t}=-\dfrac{v^2}{RC}+\dfrac{2k}{C}v_{ea}\sin^2(\omega_l t) \quad (5.8)$$

式中，$k=R_{mo}V_{in}^2/(R_s v_{ff}^2 R_{ac})$。

对于电压环来说，根据图 5.1 的结构，差放输出电压 v_{fb} 和变换器输出电压 v 满足

$$\frac{\mathrm{d}v_{fb}}{\mathrm{d}t} = \frac{1}{R_f C_f}\left(-v_{fb} + \frac{R_f}{R_{vi}}\left(\frac{(R_{vd}+R_{vi})V_{ref}}{R_{vd}} - v\right) + V_{ref}\right) \qquad (5.9)$$

输入到乘法器的 v_{ea} 由 v_{fb} 减 1.5 V 得到，所以有下列方程

$$\frac{\mathrm{d}v_{ea}}{\mathrm{d}t} = \frac{1}{R_f C_f}\left(-v_{ea} + \frac{R_f}{R_{vi}}\left(\frac{(R_{vd}+R_{vi})V_{ref}}{R_{vd}} - v\right) + V_{ref} - 1.5\right) \qquad (5.10)$$

因此，式（5.8）和式（5.10）描述了图 5.1 所示变换器的慢时标动力学行为。根据文献[74]中的方法，按照式（4.13）~式（4.20）对这组方程求取直流分量、一次谐波分量和二次谐波分量模型，可以求得直流分量的稳态值，通过对电路进行分析，还可以得到二次谐波分量的稳态值，把这两个稳态值代入一次谐波分量模型中，就得到以 v_{ea1} 和 v_1 为变量的一组方程，其中 $v_{ea1} = v_{ea1r} + jv_{ea1i}$，$v_1 = v_{1r} + jv_{1i}$。把以 v_{ea1} 和 v_1 为变量的方程组分别取实部和虚部相等，就可以得到以 v_{ea1r}、v_{ea1i}、v_{1r} 和 v_{1i} 为变量的方程组，这个方程组表示的是一个线性系统，而原点则是此线性系统的平衡点。当图 5.1 所示的变换器表现出慢时标倍周期分岔时，这个原点成为一个不稳定的平衡点。这样，变量 v_{ea1r}、v_{ea1i}、v_{1r} 和 v_{1i} 就代表了变换器的动力学行为，从而把对变换器的研究转换为对 v_{ea1r}、v_{ea1i}、v_{1r} 和 v_{1i} 组成的线性系统的研究。当变换器中的参数改变时，可能会使 v_{ea1r}、v_{ea1i}、v_{1r} 和 v_{1i} 组成的线性系统成为不稳定系统，从而使得变换器表现出分岔现象。

5.2.2 平均电流模式控制 Boost 功率因数校正变换器中的慢时标倍周期分岔现象

在未另外说明的情况下，本节所分析的图 5.1 中的变换器所用参数如表 5.1 所示。按照上述方法进行分析，可以知道，变换器的一次谐波模型的原点为不稳定平衡点，系统出现慢时标倍周期分岔。此时，变换器的仿真波形如图 5.2 所示，可以看到，电感电流和输出电压的周期都是交流电压的周期 ω_l，而不是 $2\omega_l$，因此它们都表现出慢时标倍周期分岔现象。这种分岔导致功率因数下降、器件应力增加，给变换器的运行带来危害，因此下面将提出方法来消除这种分岔。

表 5.1　平均电流模式控制 Boost 功率因数校正变换器电路参数
Table 5.1 Parameter values used in the averaged current mode controlled Boost PFC converter

参数名称	参数值	参数名称	参数值
V_{in}	220 V	R_f	180 kΩ
ω_l	100 π rad/s	C_f	47 nF
L	1 mH	v_{ff}	3.87 V
C	60 μF	R_{mo}	3.9 kΩ
R_s	0.25 Ω	R（load）	1 280 Ω
R_{vi}	511 kΩ	R_{ac}	910 kΩ
R_{vd}	3.84 kΩ		

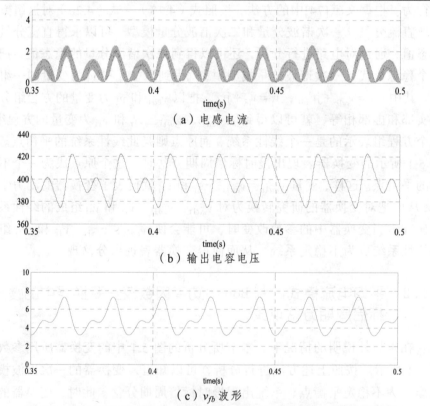

（a）电感电流

（b）输出电容电压

（c）v_{fb} 波形

图 5.2　平均电流模式控制 Boost 功率因数校正变换器表现出慢时标倍周期分岔时的波形图

Fig. 5.2　Waveforms of the averaged current mode controlled Boost PFC showing slow-scale period-doubling bifurcation （a）inductor current （b）output capacitor voltage （c）v_{fb}

5.3 平均电流模式控制 Boost 功率因数校正变换器中的慢时标倍周期分岔控制

根据前面的分析，可以知道，图 5.1 所示变换器的慢时标倍周期分岔以一次谐波模型的原点的稳定性为判断标准。因此，控制这种分岔的方法应当以稳定上述原点为出发点。本节使用 washout 滤波器来控制这种分岔，通过建立慢时标平均模型并采用谐波平衡方法来推导各次谐波模型，研究如何能够稳定图 5.1 所示的变换器。

5.3.1 采用 washout 滤波器的平均电流模式控制 Boost 功率因数校正变换器模型

采用 washout 滤波器的平均电流模式控制 Boost 功率因数校正变换器如图 5.3 所示。其中，v_{fb} 是 washout 滤波器的输入，而 washout 滤波器的输出加到了参考电压 V_{ref}。

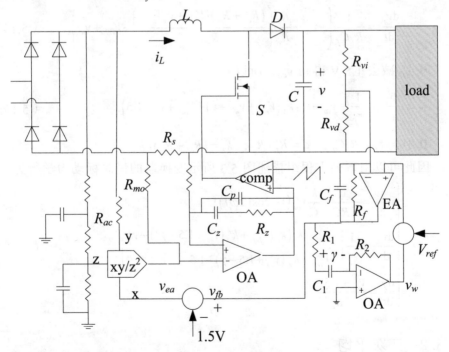

图 5.3 采用 washout 滤波器的平均电流模式控制 Boost 功率因数校正变换器
Fig. 5.3 Average current mode controlled Boost PFC with the washout filter

在 washout 滤波器中，由于电容 C_1 的存在，使得系统阶数增加一阶，分析慢时标动力学行为时，需要考虑这个增加的变量对系统稳定性的影响。假设此电容的电压为 γ。

为了建立慢时标平均模型，需要分析功率电路在一个开关周期内的运行，由于功率电路只受占空比的影响，所以可以得到和式（5.4）相同的功率电路的模型，即

$$v\frac{\mathrm{d}v}{\mathrm{d}t} = -\frac{v^2}{RC} + \frac{2k}{C} v_{ea} \sin^2(\omega_t t) \tag{5.11}$$

对于 washout 滤波器来说，则有

$$v_w = -\frac{R_2}{R_1}(v_{fb} - \gamma) = k_w(v_{fb} - \gamma) \tag{5.12}$$

$$\frac{\mathrm{d}\gamma}{\mathrm{d}t} = \frac{v_{fb} - \gamma}{R_1 C_1} = \frac{v_{fb} - \gamma}{d_w} \tag{5.13}$$

从电压环可以得到

$$\frac{\mathrm{d}v_{fb}}{\mathrm{d}t} = \frac{1}{R_f C_f} \left(-v_{fb} + \frac{R_f}{R_{vi}} \left(\frac{(R_{vd} + R_{vi})(V_{ref} + v_w)}{R_{vd}} - v \right) + V_{ref} + v_w \right) \tag{5.14}$$

从 v_{fb} 减去 1.5 V 得到 v_{ea}，所以有

$$\frac{\mathrm{d}v_{ea}}{\mathrm{d}t} = \frac{1}{\tau_f} \left(-v_{ea} + k_1 \left(k_2 (V_{ref} + v_w) - v \right) + V_{ref} + v_w - 1.5 \right) \tag{5.15}$$

其中，$\tau_f = R_f C_f$，$k_1 = R_f / R_{vi}$，$k_2 = (R_{vd} + R_{vi})/R_{vd}$。

因此可以用下列方程组描述图 5.3 所示变换器的慢时标动力学行为

$$\begin{cases} v\dfrac{\mathrm{d}v}{\mathrm{d}t} = -\dfrac{v^2}{RC} + \dfrac{k}{C} v_{ea}(1 - \cos(2\omega_t t)) \\ \dfrac{\mathrm{d}v_{ea}}{\mathrm{d}t} = \dfrac{1}{\tau_f} \begin{pmatrix} -v_{ea} + k_1 \left(k_2 (V_{ref} + k_w (v_{ea} + 1.5 - \gamma)) - v \right) \\ + V_{ref} + k_w (v_{ea} + 1.5 - \gamma) - 1.5 \end{pmatrix} \\ \dfrac{\mathrm{d}\gamma}{\mathrm{d}t} = \dfrac{v_{ea} + 1.5 - \gamma}{d_w} \end{cases} \tag{5.16}$$

5.3.2 二次平均

根据前文的方法，可以对式（5.16）所表示的模型进行稳定性分析，

需要进行二次平均过程,仍然以 ω_l 作为一次谐波的频率,按照式(4.13)~式(4.20)进行平均。这样就得到了直流分量模型、一次谐波模型和二次谐波模型。

5.3.3 直流分量模型的稳定性研究

通过二次平均可以得到直流分量模型

$$\frac{\mathrm{d}}{\mathrm{d}t}\left(v_0^2 + 2v_{1r}^2 + 2v_{1i}^2 + 2v_{2r}^2 + 2v_{2i}^2\right)$$
$$= -\frac{2}{RC}\left(v_0^2 + 2v_{1r}^2 + 2v_{1i}^2 + 2v_{2r}^2 + 2v_{2i}^2\right) + \frac{2k}{C}\left(v_{ea0} - 2v_{ea2r}\right) \quad (5.17)$$

$$\frac{\mathrm{d}v_{ea0}}{\mathrm{d}t} = \frac{1}{\tau_f}\begin{pmatrix} -v_{ea0} + k_1\left(k_2\left(V_{ref} + k_w\left(v_{ea0} + 1.5 - \gamma_0\right)\right) - v_0\right) \\ +V_{ref} + k_w\left(v_{ea0} + 1.5 - \gamma_0\right) - 1.5 \end{pmatrix} \quad (5.18)$$

$$\frac{\mathrm{d}\gamma_0}{\mathrm{d}t} = \frac{v_{ea0} + 1.5 - \gamma_0}{d_w}$$

为了确定式(5.17)的平衡点,可以假定 v_1、v_2 和 v_{ea2r} 为零,因为这些值很小,可以忽略。这样式(5.17)可以简化为

$$\frac{\mathrm{d}}{\mathrm{d}t}v_0 = -\frac{1}{RC}v_0 + \frac{k}{Cv_0}v_{ea0} \quad (5.19)$$

从式(5.18)~式(5.19)可以得到平衡点为

$$V_0 = \frac{1}{2}\sqrt{k^2k_1^2R^2 + 4\left(kk_1k_2RV_{ref} + kR\left(V_{ref} - 1.5\right)\right)} - \frac{kk_1R}{2} \quad (5.20)$$

$$V_{ea0} = k_1\left(k_2V_{ref} - V_0\right) + V_{ref} - 1.5 \quad (5.21)$$

$$\Gamma_0 = V_{ea0} + 1.5 \quad (5.22)$$

很明显,washout 滤波器中的两个参数 k_w 和 d_w 不影响上述平衡点,这正是 washout 滤波器方法的优点之一。通过在平衡点式处进行线性化,可以对直流分量模型式的稳定性进行研究。实际上,在(k_w,d_w)平面有一个边界范围使得直流分量稳定,在下面会看到这个范围在选取 k_w 和 d_w 时并不重要。

5.3.4 二次谐波分量值的假设

按照文献[133]中的方法,分析一次谐波模型时,通过进行电路分析可以假定

$$\dot{v}_2(t) \approx |V_2| = V_0/(4RC\omega_l)$$

这样把随时间变化的 v_2 用一个直流量来代替,能够简化一次谐波模型的分析。

5.3.5 一次谐波分量模型

对式(5.17)~(5.18)采用谐波平衡方法可以得到一次谐波分量模型

$$\frac{\mathrm{d}}{\mathrm{d}t}(v_0 v_1 + v_2 v_1^*) = -\left(\frac{2}{RC} + \mathrm{j}\omega_l\right)(v_0 v_1 + v_2 v_1^*) + \frac{k}{2C}(2v_{ea1} - v_{ea1}^*) \quad (5.23)$$

$$\frac{\mathrm{d}v_{ea1}}{\mathrm{d}t} = \frac{1}{\tau_f}\begin{pmatrix} -(\mathrm{j}\omega_l \tau_f + 1)v_{ea1} + k_1\left(k_2 k_w(v_{ea1} - \gamma_1) - v_1\right) \\ +k_w(v_{ea1} - \gamma_1) \end{pmatrix} \quad (5.24)$$

$$\frac{\mathrm{d}\gamma_1}{\mathrm{d}t} = \frac{v_{ea1} - \gamma_1}{d_w} \quad (5.25)$$

按照上面的分析,假定 $v_0(t) = V_0$, $v_2(t) = |V_2|$。

把式(5.23)~式(5.25)中的变量写成复数形式,即 $v_1 = v_{1r} + \mathrm{j}v_{1i}$,$v_{ea1} = v_{ea1r} + \mathrm{j}v_{ea1i}$,$\gamma_1 = \gamma_{1r} + \mathrm{j}\gamma_{1i}$,代入式(5.23)~式(5.25),把等式左右两边实部和虚部分开,可以得到下列描述一次谐波分量的线性系统

$$(\dot{v}_{1r} \quad \dot{v}_{1i} \quad \dot{v}_{ea1r} \quad \dot{v}_{ea1i} \quad \dot{\gamma}_{1r} \quad \dot{\gamma}_{1i})^\mathrm{T} = J(v_{1r} \quad v_{1i} \quad v_{ea1r} \quad v_{ea1i} \quad \gamma_{1r} \quad \gamma_{1i})^\mathrm{T} \quad (5.26)$$

$$J = \begin{pmatrix} -\dfrac{2}{RC} & \dfrac{\omega_l \hat{V}}{\check{V}} & \dfrac{k}{2C\check{V}} & 0 & 0 & 0 \\ -\dfrac{\omega_l \hat{V}}{\check{V}} & -\dfrac{2}{RC} & 0 & \dfrac{3k}{2C\check{V}} & 0 & 0 \\ -\dfrac{k_1}{\tau_f} & 0 & \dfrac{k_A}{\tau_f} & \omega_l & \dfrac{k_B}{\tau_f} & 0 \\ 0 & -\dfrac{k_1}{\tau_f} & -\omega_l & \dfrac{k_A}{\tau_f} & 0 & \dfrac{k_B}{\tau_f} \\ 0 & 0 & \dfrac{1}{d_w} & 0 & -\dfrac{1}{d_w} & \omega_l \\ 0 & 0 & 0 & \dfrac{1}{d_w} & -\omega_l & -\dfrac{1}{d_w} \end{pmatrix} \quad (5.27)$$

其中，$\hat{V} = V_0 + |V_2|$，$\check{V} = V_0 - |V_2|$，$k_A = k_1 k_2 k_w + k_w - 1$，$k_B = -(k_1 k_2 k_w + k_w)$。

因此，式（5.27）所表示的线性系统的平衡点是原点。而图 5.1 所示变换器的一次谐波分量模型的平衡点也是原点，因此 washout 滤波器并未改变这个平衡点的位置。和图 5.1 所示变换器的一次谐波分量模型不同的是，在式（5.27）中增加了 k_w 和 d_w 两个量，而合适选择这两个量可以使得 J 的特征根位于左半平面，从而稳定一次谐波分量模型的平衡点原点，达到稳定图 5.3 所示变换器的目的。

5.3.6 washout 滤波器参数的选取

为了使得式（5.27）中 J 的特征根位于左半平面，需要求出特征方程，再根据 Routh-Hurwitz 准则来选取 washout 滤波器中的参数。

式中 J 的特征方程为

$$\lambda^6 + p_1 \lambda^5 + p_2 \lambda^4 + p_3 \lambda^3 + p_4 \lambda^2 + p_5 \lambda + p_6 = 0 \qquad (5.28)$$

其中，

$$p_1 = -2\frac{k_1 k_2 k_w + k_w - 1}{\tau_f} + \frac{2}{d_w}$$

$$p_2 = \frac{k_1 k_2 k_w + k_w - 1}{\tau_f}\left(\frac{k_1 k_2 k_w + k_w - 1}{\tau_f} - \frac{2}{d_w}\right) - \left(\frac{k_1 k_2 k_w + k_w - 2}{d_w \tau_f} - \frac{1}{d_w^2}\right)$$
$$+ 3\omega_l^2 + \frac{k_1 k_2 k_w + k_w}{d_w \tau_f} + \frac{3k k_1}{2C(V_0 - V_2)\tau_f} + \frac{k k_1}{2C(V_0 + V_2)\tau_f}$$

$$p_3 = \frac{k_1 k_2 k_w + k_w - 1}{\tau_f}\left(\frac{k_1 k_2 k_w + k_w - 2}{\tau_f d_w} - \frac{1}{d_w^2} - \omega_l^2\right) - 3\omega_l^2 \frac{k_1 k_2 k_w + k_w - 1}{\tau_f}$$
$$+ \frac{1}{d_w^2 \tau_f} + \frac{2\omega_l^2}{d_w} - \frac{(k_1 k_2 k_w + k_w)(k_1 k_2 k_w + k_w - 1)}{d_w \tau_f^2} + \frac{k_1 k_2 k_w + k_w}{d_w^2 \tau_f}$$
$$- \frac{k_1}{\tau_f}\frac{3k}{2C(V_0 - V_2)}\left(\frac{k_1 k_2 k_w + k_w - 1}{\tau_f} - \frac{2}{d_w}\right)$$
$$+ \omega_l^2 \frac{2}{d_w} - \frac{k_1}{\tau_f}\frac{k}{2C(V_0 + V_2)}\left(\frac{k_1 k_2 k_w + k_w - 1}{\tau_f} - \frac{2}{d_w}\right)$$

$$p_4 = \frac{k_1 k_2 k_w + k_w - 1}{\tau_f}\left(\frac{\omega_l^2(k_1 k_2 k_w + k_w - 1)}{\tau_f} - \frac{1}{d_w^2 \tau_f}\right) + 2\omega_l^4 + \frac{\omega_l^2}{d_w^2}$$
$$- \frac{\omega_l^2(k_1 k_2 k_w + k_w)}{d_w \tau_f} + \frac{k_1 k_2 k_w + k_w}{d_w^2 \tau_f^2}$$

$$-\frac{k_1}{\tau_f}\frac{3k}{2C(V_0-V_2)}\left(\frac{k_1k_2k_w+k_w-2}{d_w\tau_f}-\frac{1}{d_w^2}-\omega_l^2\right)$$

$$+\omega_l^2\frac{k_1k_2k_w+k_w-1}{\tau_f}\left(\frac{k_1k_2k_w+k_w-1}{\tau_f}-\frac{2}{d_w}\right)$$

$$-\left(\omega_l^2+\frac{k_1}{\tau_f}\frac{k}{2C(V_0+V_2)}\right)\left(\frac{k_1k_2k_w+k_w-2}{d_w\tau_f}-\frac{1}{d_w^2}-\omega_l^2\right)$$

$$-\frac{k^2}{\tau_f}\frac{\omega_l^2}{2C(V_0-V_2)}-\frac{k_1}{\tau_f}\frac{3k\omega_l^2}{2C(V_0+V_2)}+\frac{k_1^2}{\tau_f^2}\frac{3k^2}{4C^2(V_0+V_2)(V_0-V_2)}$$

$$p_5=-\frac{k_1}{\tau_f}\frac{3k}{2C(V_0-V_2)}\left(\frac{\omega_l^2(k_1k_2k_w+k_w-1)}{\tau_f}-\frac{1}{d_w^2\tau_f}\right)$$

$$+\frac{\omega_l^2(k_1k_2k_w+k_w-1)}{\tau_f}\left(\frac{k_1k_2k_w+k_w-2}{d_w\tau_f}-\frac{1}{d_w^2}-\omega_l^2\right)$$

$$-\omega_l^2\left(\frac{\omega_l^2(k_1k_2k_w+k_w-1)}{\tau_f}-\frac{1}{d_w^2\tau_f}\right)+\omega_l^4\frac{2}{d_w}$$

$$-\frac{\omega_l^2}{d_w}\left(\frac{(k_1k_2k_w+k_w)(k_1k_2k_w+k_w-1)}{\tau_f^2}-\frac{k_1k_2k_w+k_w}{d_w\tau_f}\right)$$

$$-\frac{k^2}{\tau_f}\frac{\omega_l^2}{d_wC(V_0-V_2)}-\frac{k}{2\tau_f}\frac{6k_1\omega_l^2}{d_wC(V_0+V_2)}+\frac{k^2}{(2\tau_f)^2}\frac{6k_1^2}{d_wC^2(V_0+V_2)(V_0-V_2)}$$

$$-\frac{kk_1}{2C(V_0+V_2)\tau_f}\left(\frac{\omega_l^2(k_1k_2k_w+k_w-1)}{\tau_f}-\frac{1}{d_w^2\tau_f}\right)$$

$$p_6=\omega_l^2\frac{k_1k_2k_w+k_w-1}{\tau_f}\left(\frac{\omega_l^2(k_1k_2k_w+k_w-1)}{\tau_f}-\frac{1}{d_w^2\tau_f}\right)$$

$$+\omega_l^3\left(\omega_l^3+\frac{\omega_l}{d_w^2}-\frac{\omega_l(k_1k_2k_w+k_w)}{d_w\tau_f}\right)+\frac{\omega_l^2}{d_w}\left(-\frac{\omega_l^2(k_1k_2k_w+k_w)}{\tau_f}+\frac{k_1k_2k_w+k_w}{d_w\tau_f^2}\right)$$

$$-\left(\frac{k^2\omega_l}{2C(V_0-V_2)\tau_f}+\frac{3kk_1\omega_l}{2C(V_0+V_2)\tau_f}\right)\left(\frac{\omega_l}{d_w^2}+\omega_l^3-\frac{\omega_l(k_1k_2k_w+k_w)}{d_w\tau_f}\right)$$

$$+\frac{3k^2k_1^2}{(2C\tau_f)^2(V_0+V_2)(V_0-V_2)}\left(\omega_l^2+\frac{1}{d_w^2}\right)$$

假设

$$H_p = \begin{pmatrix} p_1 & 1 & 0 & 0 & 0 & 0 \\ p_3 & p_2 & p_1 & 1 & 0 & 0 \\ p_5 & p_4 & p_3 & p_2 & p_1 & 1 \\ 0 & p_6 & p_5 & p_4 & p_3 & p_2 \\ 0 & 0 & 0 & p_6 & p_5 & p_4 \\ 0 & 0 & 0 & 0 & 0 & p_6 \end{pmatrix} \quad (5.29)$$

根据 Routh-Hurwitz 准则，如果要使得式（5.27）中 J 的特征根位于左半平面，就要使 H_p 的各阶主子式大于零。这样就能确定出所需要的 k_w 和 d_w 的选取范围。图 5.4 所示为计算得到的结果。图 5.4（a）中的输入电压为 220 V，负载电阻为 1 280 Ω；图 5.4（b）中的输入电压为 260 V，负载电阻为 1 280 Ω；图 5.4（c）中的输入电压为 220 V，负载电阻为 1 000 Ω。图中，d_w 的取值是系统响应速度的主要决定因素，曲线之上表示不能使电路稳定，曲线之下表示能够控制慢时标倍周期分岔从而使得电路稳定。

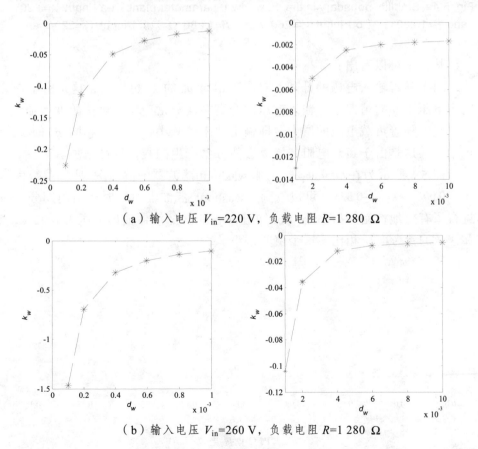

（a）输入电压 $V_{in}=220$ V，负载电阻 $R=1\ 280\ \Omega$

（b）输入电压 $V_{in}=260$ V，负载电阻 $R=1\ 280\ \Omega$

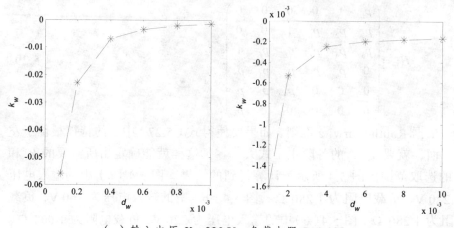

(c) 输入电压 V_{in}=220 V，负载电阻 R=1 000 Ω

图 5.4 washout 滤波器参数边界

Fig. 5.4 Stability boundary in the (kw, dw) parameter plane. (a) input V_{in}=220V and R=1 280 Ω (b) input V_{in}=260 V and R=1 280 Ω (c) input V_{in}=220 V and R=1 000 Ω

从图中可以看出：

(1) 随着输入电压的升高，对应于相同 d_w 的 k_w 也增大，这是由于在输出电压不变的情况下，输入电压的升高会使分岔产生的震荡幅度增加。

(2) 随着负载电阻的增大，即输出功率的减小，对应于相同 d_w 的 k_w 也增大，这是由于负载电阻的增大会使分岔产生的震荡幅度增加。

图 5.5 所示为在 t = 0.08 s 时施加 washout 滤波器的波形图，所用参数为 d_w = 0.006、k_w = −0.023。可以看到，washout 滤波器对慢时标倍周期分岔进行了有效地控制。从图 5.5 (c) 知道，washout 滤波器输出电压为 0.02 V，和 3 V 的参考电压相比，这个值非常小。

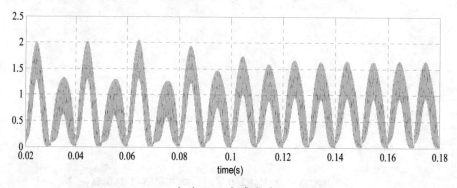

(a) PFC 电感电流

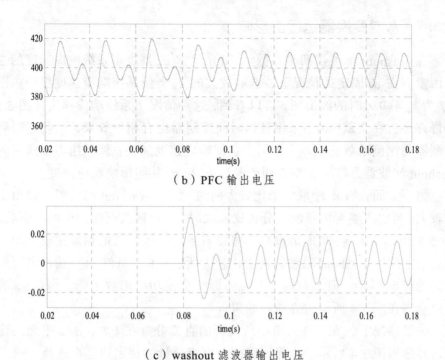

（b）PFC 输出电压

（c）washout 滤波器输出电压

图 5.5 开启 washout 滤波器前后的波形

Fig.5.5 Time-domain response before and after activating the washout filter. （a） PFC inductor current （b）PFC output voltage （c）output of the washout filter

其他 k_w 和 d_w 选取情况下的仿真实验结果如图 5.6 所示。图中，"×"表示变换器不稳定，"O"表示变换器稳定。可以看到，这个结果和前面通过理论计算得到的结果一致。

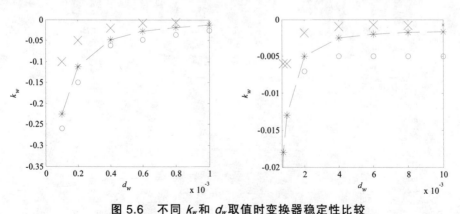

图 5.6 不同 k_w 和 d_w 取值时变换器稳定性比较

Fig.5.6 Stability of the PFC under varing k_w and d_w

5.3.7 k_w 对变换器运行的影响

在 washout 滤波器两个参数 k_w 和 d_w 中,d_w 是决定系统响应速度的主要因素。在 d_w 固定的情况下,选取较大的 k_w 会使系统响应速度更快。图 5.7 为 $k_w = -0.01$ 时的波形图,可以看到,这种情况下系统响应速度比图 5.5 要慢许多。在文献[90]中采用延迟时间控制器也有相似效果,当延迟时间控制器的比例系数选取较大值时,会使响应速度加快。而采用本书所提的 washout 滤波器方法时,则有两个参数 k_w 和 d_w 共同影响响应速度。

另一方面,如果$|k_w|$取一个比较大的值,那么 washout 滤波器的输出也比较大,当它占参考电压的百分比比较大时,会对输入电流产生畸变影响。图 5.8 所示为 $k_w = -30$ 时的波形,可以看到,输入电流的顶端比较平坦,这是由于此时 washout 滤波器输出比较大所造成的。虽然 PFC 输出电压所受到的影响不大,但是对输入电流的影响会使功率因数下降。因此$|k_w|$的取值应当在图 5.4 所示边界曲线的附近。

一般情况下,在 5.3.3 节中所分析的直流分量在(k_w, d_w)平面的稳定边界远离图 5.4 所示的边界,因此,直流分量的稳定边界在选择(k_w, d_w)时一般不在考虑范围,只要考虑图 5.4 的边界即可。

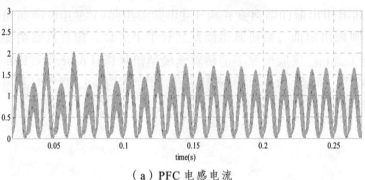

(a) PFC 电感电流

(b) PFC 输出电压

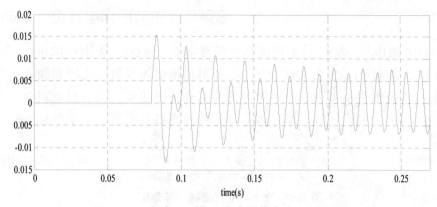

（c）washout 滤波器输出电压

图 5.7 当 k_w=0.01 时变换器波形图

Fig.5.7 Waveforms of the PFC when k_w=0.01 （a）PFC inductor current （b）PFC output voltage （c）output of the washout filter

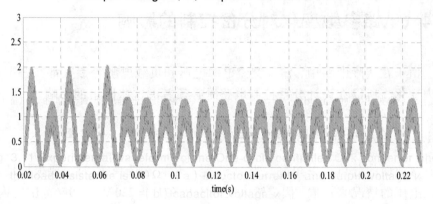

（a）PFC 电感电流

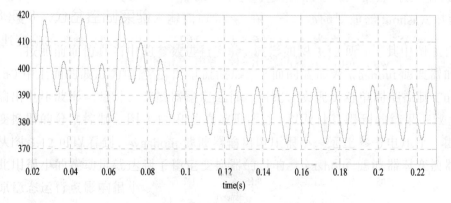

（b）PFC 输出电压

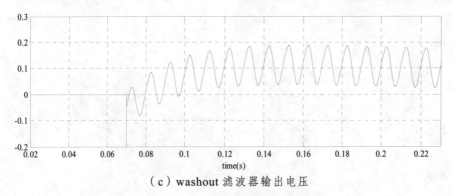

（c）washout 滤波器输出电压

图 5.8 当 $k_w=30$ 时变换器波形图

Fig.5.8 Waveforms of the PFC when $k_w=30$ （a）PFC inductor current （b）PFC output voltage （c）output of the washout filter

5.4 电路参数变化对分岔控制的影响

由于在实际电路中，输入交流电源电压和负载电阻等参数都在一定范围内变化，所以在设计分岔控制电路时必须考虑这些因素的影响。

5.4.1 输入电压对分岔控制的影响

从前面的分析可以知道，当 d_w 选定之后，在选择 k_w 时，要根据最大输入电压的情况来选取。假定输入交流电压在 V_{in} = 220 V～260 V 范围之内，那么应当按照图 5.4(b)的稳定边界来选取 k_w。图 5.9 所示为在 t = 0.07 s 时施加 washout 滤波器的波形图，在 t = 0.23 s 时输入电压从 V_{in} = 220 V 突变到 V_{in} = 260 V，所用参数为 d_w = 0.006、k_w = -0.023。可以看到，系统的响应速度比较快，washout 滤波器的输出和参考电压相比很小。

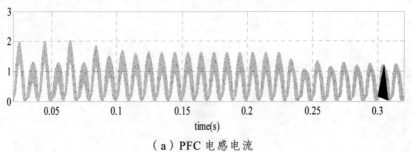

（a）PFC 电感电流

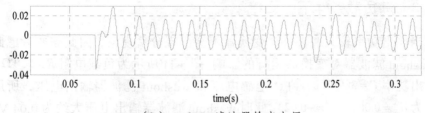

（b）washout 滤波器输出电压

图 5.9　输入电压变化时变换器的波形

Fig. 5.9　Waveforms of the PFC under varing input voltage　（a）PFC inductor current　（b）output of the washout filter

5.4.2　负载电阻对分岔控制的影响

类似地，在选择 k_w 时，要根据负载电阻最大，即输出功率最小的情况来考虑。图 5.10 所示为在 $t=0.07\,\mathrm{s}$ 时施加 washout 滤波器的波形图，在 $t=0.23\,\mathrm{s}$ 时负载电阻从 $R=1280\,\Omega$ 突变到 $R=1000\,\Omega$，所用参数为 $d_w=0.006$、$k_w=-0.023$。可以看到，系统的响应速度比较快，在负载电阻突变后，只需几个交流电周期即可重新回到稳定状态，同时 washout 滤波器的输出和参考电压相比很小。

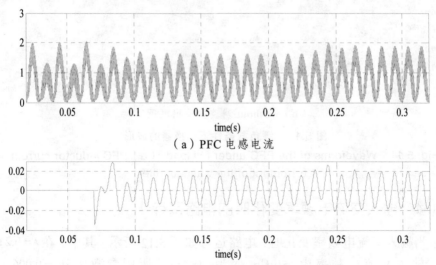

（a）PFC 电感电流

（b）washout 滤波器输出电压

图 5.10　负载电阻变化时变换器的波形

Fig. 5.10 Waveforms of the PFC under varing load resistor　（a）PFC inductor current　（b）output of the washout filter

5.4.3 满负载条件下的运行

当输出功率较大时,PFC 变换器不会出现分岔现象,因此需要考虑此时 washout 滤波器对变换器运行的影响。图 5.11 所示为负载电阻 $R = 530\,\Omega$,即输出功率 $P = 300\,\text{W}$ 时 PFC 电感电流和 washout 滤波器输出电压,所用参数为 $d_w = 0.006$、$k_w = -0.023$。此时 washout 滤波器输出电压大约为 $0.04\,\text{V}$,和参考电压 $3\,\text{V}$ 相比仍然很小。因此,即便在输出功率较大而变换器不会出现分岔的情况下,通过合理选择参数,washout 滤波器仍然不影响 PFC 变换器的正常运行。

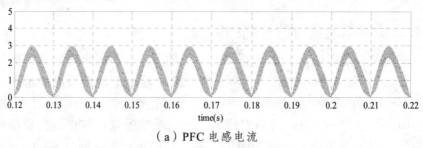

(a) PFC 电感电流

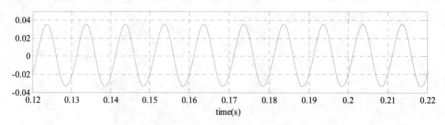

(b) washout 滤波器输出电压

图 5.11 满负载条件下变换器的波形

Fig. 5.11 Waveforms of the PFC under full load (a) PFC inductor current (b) output of the washout filter

5.4.4 输入交流电频率变化时的电路运行

当输入交流电频率变化时,电路运行如图 5.12 所示。其中,在 $t = 0.2\,\text{s}$ 时,输入交流电频率由 $50\,\text{Hz}$ 变为 $48\,\text{Hz}$,所用参数为 $d_w = 0.006$、$k_w = -0.023$。实际上,电源频率改变时,也会引起电路运行状态的改变。由于频率的波动比较小,而 $k_w = -0.023$ 又比图 5.4 所示的边界略大一些,所以频率的变化没有对能否控制分岔产生影响。这时,washout 滤波器输出电压和参考电压 $3\,\text{V}$ 相比仍然很小。

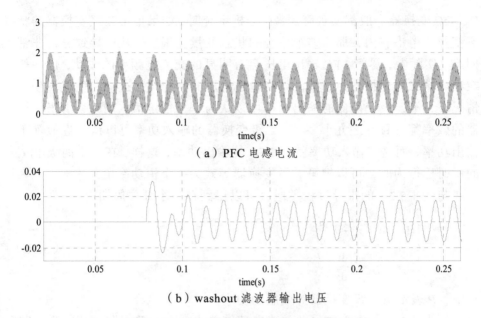

图 5.12 输入电源频率变化时变换器的波形
Fig. 5.12 Waveforms of the PFC under varying input frequency
（a）PFC inductor current （b）output of the washout filter

从前面这些分析可知，在设计 washout 滤波器时，需要通过计算首先得到图 5.4 所示的一次谐波分量对应的边界曲线，然后选取一个合适的 d_w，在此基础上找出输入电压最大、输出功率最小情况下的 k_w 值，实际所选的值应该比边界曲线的值略大，以获得较快的响应速度，具体取值可以通过仿真得到。

5.5 两级功率因数校正变换器的分岔控制

如果图 5.3 中的负载为一个 DC-DC 变换器，那么整个电路成为一个完整的两级功率因数校正变换器。一般实际工作情况都是这种结构。文献[87]经过分析指出，两级 PFC 和带负载电阻的预调节器 PFC 参数稳定范围明显不同，因此，有必要分析 washout 滤波器控制在两级 PFC 中的应用。

5.5.1 两级功率因数校正变换器的平均模型

由于 PFC 输出电压比较高，而实际所需要的电压比较低，所以第二级

DC-DC 变换器一般都实现降压。在分析系统时,如果把第二级变换器的状态变量也考虑在内,那么整个系统的状态变量会很多,从而导致分析非常困难。实际上,尽管 PFC 输出电压会有明显的交流电频率的波动,但一般在设计第二级变换器时,都使得其输出电压非常稳定,这样在负载不变的情况下,第二级变换器的输出功率可以认为是个恒定值。同时,由于变换器的效率都在百分之九十多,第二级变换器的输入功率可以认为近似等于输出功率,而这个输入功率就是 PFC 的输出功率,这样,在分析两级 PFC 的慢时标行为时,可以把第二级变换器等效为一个恒功率负载。

与式(5.2)的推导过程类似,可以得到在一个开关周期内

$$\begin{cases}(1-d)v = v_{in} - L\dfrac{di_L}{dt} \\ (1-d)i_L = C\dfrac{dv}{dt} + \dfrac{P}{v}\end{cases} \quad (5.30)$$

其中,P 表示第二级变换器等效后的功率。

从式(5.30)中消去 d 并忽略电感储能在一个开关周期内的变化,同时根据电流与输入电压的表达式

$$i_L = \frac{v_{in}}{v_{ff}^2 R_{ac}} \frac{R_{mo}}{R_s} v_{ea} \quad (5.31)$$

可以得到

$$Cv\frac{dv}{dt} = -P + kv_{ea}(1 - \cos(2\omega_l t)) \quad (5.32)$$

其中 $k = R_{mo}V_{in}^2/(R_s v_{ff}^2 R_{ac})$。

而式(5.15)描述控制电路的方程在这里仍然适用,所以,两级 PFC 变换器的慢时标行为可以描述为

$$\begin{cases}v\dfrac{dv}{dt} = -\dfrac{P}{C} + \dfrac{k}{C}v_{ea}(1-\cos(2\omega_l t)) \\ \dfrac{dv_{ea}}{dt} = \dfrac{1}{\tau_f}\begin{pmatrix}-v_{ea} + k_1(k_2(V_{ref} + k_w(v_{ea}+1.5-\gamma))-v) \\ +V_{ref} + k_w(v_{ea}+1.5-\gamma)-1.5\end{pmatrix} \\ \dfrac{d\gamma}{dt} = \dfrac{v_{ea}+1.5-\gamma}{d_w}\end{cases} \quad (5.33)$$

按照前面的方法,对式(5.33)进行二次平均,通过分析直流分量、一次和二次谐波分量模型,就可以选取 washout 滤波器中的参数。

5.5.2 直流分量模型

通过计算可以得到直流分量模型为

$$\frac{\mathrm{d}}{\mathrm{d}t}\left(v_0^2 + 2v_{1r}^2 + 2v_{1i}^2 + 2v_{2r}^2 + 2v_{2i}^2\right) = -\frac{2P}{C} + \frac{2k}{C}\left(v_{ea0} - 2v_{ea2r}\right) \quad (5.34)$$

$$\frac{\mathrm{d}v_{ea0}}{\mathrm{d}t} = \frac{1}{\tau_f}\begin{pmatrix} -v_{ea0} + k_1\left(k_2\left(V_{ref} + k_w\left(v_{ea0} + 1.5 - \gamma_0\right)\right) - v_0\right) \\ +V_{ref} + k_w\left(v_{ea0} + 1.5 - \gamma_0\right) - 1.5 \end{pmatrix} \quad (5.35)$$

$$\frac{\mathrm{d}\gamma_0}{\mathrm{d}t} = \frac{v_{ea0} + 1.5 - \gamma_0}{d_w} \quad (5.36)$$

在式（5.34）中，由于 v_1、v_2 和 v_{ea2r} 的值很小，可以忽略，从而得到

$$\frac{\mathrm{d}}{\mathrm{d}t}v_0^2 = -\frac{2P}{C} + \frac{2k}{C}v_{ea0} \quad (5.37)$$

从式（5.35）~式（5.37）可以计算得到平衡点

$$V_0 = k_2 V_{ref} + \frac{V_{ref} - 1.5}{k_1} - \frac{P}{kk_1} \quad (5.38)$$

$$V_{ea0} = P/k \quad (5.39)$$

$$\Gamma_0 = V_{ea0} + 1.5 \quad (5.40)$$

和电阻负载的情况类似，washout 滤波器中的两个参数 k_w 和 d_w 不影响上述平衡点。在上述平衡点处进行线性化，可以对直流分量的稳定性进行研究。这里，在（k_w，d_w）平面的边界范围对 washout 滤波器中的两个参数 k_w 和 d_w 的选取影响不大。

5.5.3 二次谐波分量值的假设

在两级 PFC 变换器中，按照文献[133]中的方法，对于二次谐波分量可以假定

$$v_2(t) \approx |V_2| = P/(4V_0 C \omega_i) \quad (5.41)$$

这和文献[87]中的方法不同，文献[87]中没有考虑功率 P 对二次谐波分量的影响，所以得到的结果并不精确，不能反映出输出功率对变换器稳定性的影响，与实际电路运行有出入。

5.5.4 一次谐波分量模型

通过谐波平衡方法，从式（5.33）可以得到一次谐波分量模型为

$$\frac{d}{dt}(v_0 v_1 + v_2 v_1^*) = -j\omega_l (v_0 v_1 + v_2 v_1^*) + \frac{k}{2C}(2v_{ea1} - v_{ea1}^*) \quad (5.42)$$

$$\frac{dv_{ea1}}{dt} = \frac{1}{\tau_f}\begin{pmatrix} -(j\omega_l \tau_f + 1)v_{ea1} + k_1(k_2 k_w (v_{ea1} - \gamma_1) - v_1) \\ + k_w(v_{ea1} - \gamma_1) \end{pmatrix} \quad (5.43)$$

$$\frac{d\gamma_1}{dt} = \frac{v_{ea1} - \gamma_1}{d_w} \quad (5.44)$$

把这些式子的变量写成复数形式，并根据直流分量和二次谐波分量的分析，有 $v_0(t) = V_0$，$v_2(t) \approx |V_2| = P/(4V_0 C\omega_l)$，就能够得到下列系统

$$(\dot{v}_{1r}\ \dot{v}_{1i}\ \dot{v}_{ea1r}\ \dot{v}_{ea1i}\ \dot{\gamma}_{1r}\ \dot{\gamma}_{1i})^T = \boldsymbol{J}(v_{1r}\ v_{1i}\ v_{ea1r}\ v_{ea1i}\ \gamma_{1r}\ \gamma_{1i})^T \quad (5.45)$$

$$\boldsymbol{J} = \begin{pmatrix} 0 & \dfrac{\omega_l \check{V}}{\hat{V}} & \dfrac{k}{2C\hat{V}} & 0 & 0 & 0 \\ -\dfrac{\omega_l \hat{V}}{\check{V}} & 0 & 0 & \dfrac{3k}{2C\check{V}} & 0 & 0 \\ -\dfrac{k_1}{\tau_f} & 0 & \dfrac{k_A}{\tau_f} & \omega_l & \dfrac{k_B}{\tau_f} & 0 \\ 0 & -\dfrac{k_1}{\tau_f} & -\omega_l & \dfrac{k_A}{\tau_f} & 0 & \dfrac{k_B}{\tau_f} \\ 0 & 0 & \dfrac{1}{d_w} & 0 & -\dfrac{1}{d_w} & \omega_l \\ 0 & 0 & 0 & \dfrac{1}{d_w} & -\omega_l & -\dfrac{1}{d_w} \end{pmatrix} \quad (5.46)$$

其中，$\hat{V} = V_0 + |V_2|$，$\check{V} = V_0 - |V_2|$，$k_A = k_1 k_2 k_w + k_w - 1$，$k_B = -(k_1 k_2 k_w + k_w)$。这个公式不显含功率 P，功率 P 的影响体现在二次谐波分量 $v_2(t) \approx |V_2| = P/(4V_0 C\omega_l)$，通过影响二次谐波分量从而影响系统的稳定性。这和预调节器中的式（5.27）情况有所不同。

5.5.5 系统稳定性分析

式（5.46）所表示的系统的平衡点为原点，为了使得此平衡点稳定，要采用 Routh-Hurwitz 准则，即选取的 washout 滤波器中的参数必须使得式中 $\boldsymbol{J}$ 的特征根位于左半平面。根据式（5.46），通过计算得到（k_w, d_w）平面的稳定边界如图 5.11 所示。图中，曲线之上表示变换器不稳定，曲线之下表示 washout 滤波器控制分岔从而使变换器稳定工作。图 5.11（a）中

的输入电压为 220 V，功率为 50 W；图 5.11（b）中的输入电压为 260 V，功率为 50 W；图 5.11（c）中的输入电压为 220 V，功率为 20 W。

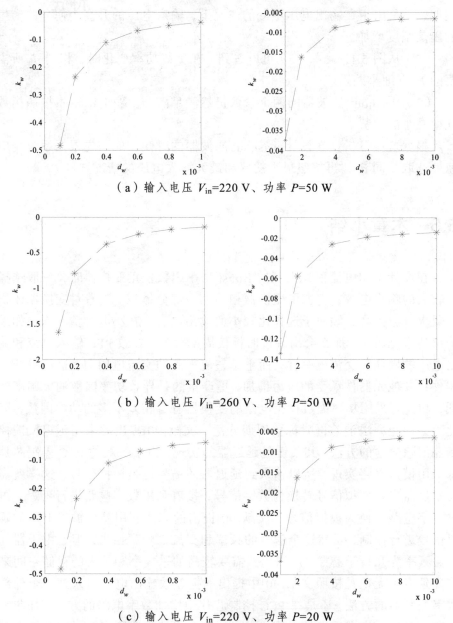

（a）输入电压 V_{in}=220 V、功率 P=50 W

（b）输入电压 V_{in}=260 V、功率 P=50 W

（c）输入电压 V_{in}=220 V、功率 P=20 W

图 5.11 washout 滤波器参数边界

Fig. 5.11 Stability boundary in the (k_w, d_w) parameter plane. (a) input V_{in}=220 V and P=50 W (b) input V_{in}=260 V and P=50 W (c) input V_{in}=220V and P=20 W

对比这几个图可以看出：

（1）随着输入电压的升高，相同 d_w 所需要的 k_w 也增大，和预调节器类似，这是由于在输出电压不变的情况下，输入电压的升高会使分岔产生的震荡幅度增加。

（2）从图 5.11（a）、（c）可以看到，在负载功率变化时，相同 d_w 所需要的 k_w 有细小差别。

（3）Washout 滤波器的两个参数仍然满足随 d_w 增加 k_w 基本按照指数规律减小的趋势。

根据这些分析，在设计 washout 滤波器的时候，应该先根据系统响应速度选取相同 d_w，再按照最小功率和最大输入电压的情况选取 k_w。

5.6　本章小结

在设计平均电流模式控制的 Boost 功率因数校正变换器时，一般选择比较大的输出电容，它占了变换器相当大一部分体积。随着对变换器体积的要求日益提高，倾向于选择比较小的输出电容。在小电容情况下，如果输出功率比较小，那么会出现慢时标倍周期分岔，导致 PFC 输入电流和输出电压的周期和交流电一样，而不是整流得到的交流电周期，这使得开关器件和其他元器件承受的应力增加，更严重的是导致功率因数的大幅度降低，和没有采用功率因数校正电路的变换器有着相差不多的功率因数，因此，必须想办法消除慢时标倍周期分岔。文献[90]提出的采用延迟反馈控制器消除分岔的方法，其关键是延迟器的实现，由于一般的 PFC 控制芯片都采用模拟电路实现，所以输入到延迟器的信号也是模拟信号，这样就需要延迟器先将模拟信号转换为数字信号，接着利用数字电路进行延迟，再将数字电路转换为模拟信号。文献[90]提出的方法利用差放输出电压的延迟信号进行控制，虽然这个信号的频率和交流电频率相当，但是由于器件开关频率为几百千赫兹，所以仍然需要较高的采样率和较大的存储空间来实现延迟。无论是按照文献[90]中提出的把差放输出电压引入到一个外部数字控制器的方法，还是在 PFC 控制芯片中增加数字电路的方法，都非常复杂和昂贵。本书提出的采用 washout 滤波器的方法则克服了这些缺点，有效地实现了慢时标倍周期分岔的控制。

延迟器方法是一种不依赖于模型的方法，它只需要知道所需延迟信号的周期,在文献[90]中只需知道差放输出电压的周期,这个周期在设计 PFC 变换器时能够从交流电周期得到,但是由于在实际应用中,这个频率会有变化,所以延迟控制器方法无法解决这个问题,除非增加电路检测交流电的频率,而这又会进一步增加电路的复杂程度。而 washout 滤波器方法是一种依赖于模型的方法,由于 washout 滤波器引入了两个参数,所以需要用模型来确定这两个参数的取值。washout 滤波器方法的优点是便于实现,在 PFC 控制芯片中,很容易生成这样一个差放。在交流电频率有波动的情况下,washout 滤波器的输出仍然很小,并能够有效地控制分岔,而无需检测交流电的频率。

6 单周期控制 Cuk 功率因数校正变换器中的分岔现象分析

6.1 引 言

当功率因数校正采用 Cuk 结构时，输出电压的极性与输入电压相反，而且，输出电压可以设计在一个较宽的范围。Cuk 变换器功率级电路有四个储能元件，因此，整个电路是一个高阶系统。其运行状态比 Boost 等变换器要复杂得多，不仅存在 Boost 变换器中的电感电流连续和断续两种常见状态，而且存在 DCVM 和 DQRM 等状态[134]。在 Cuk 变换器所表现的复杂行为中，这些状态还会交替出现，从而使分析更加复杂。比如，当 Cuk 变换器发生低频振荡时，原本设计的电流连续工作模式的变换器也会出现电流不连续状态。类似 Cuk 这种高阶变换器的非线性动力学行为还没有被认识透彻。单周期控制的 Cuk PFC 变换器，有很多优点，比如控制电路简单，便于利用集成电路实现，无需复杂的乘除法器，无需输入电压检测环节等。文献[134]分析了单周期控制 Cuk PFC 中出现的中尺度不稳定现象，发现这种不稳定现象是由电路发生 Neimark-Sacker 分岔而引起，文中分析了输入环节电感的变化对 Neimark-Sacker 分岔的影响，而对其他参数如何引起变换器的不稳定现象则没有分析。本章将研究其他主要参数对变换器稳定工作的影响，以期在设计阶段，提早为电路提供参数方面的选择。

6.2 单周期控制 Cuk 功率因数校正变换器原理及模型

单周期控制 Cuk 功率因数校正变换器如图 6.1 所示。图中，L_1、L_2、C_1 和 C_2 为主电路的储能元件。输出电压经 R_{f1} 和 R_{f2} 分压后加到差放，差放输出为 $-v_m$。由于差放构成的电压控制环的作用，使得 v_m 的变化非常缓慢，在一个开关周期内可以认为是一个恒值。此变换器采用的是后沿调制，电感电流瞬时值控制方式，在一个开关周期开始时刻，时钟脉冲使得 RS 触发器置位，从而开通开关管 S；另一方面，在控制电路中，根据其工作原理，设计控制电路时应满足

$$v_m = \frac{1}{T}\int_0^{dT}(v_m+i_1R_s)\,dt \tag{6.1}$$

因此，差放的输出和采样电阻上得到的 i_1R_s 相加，然后进行积分，积分值和 v_m 相比较，当积分值比 v_m 大时，比较器使得 RS 触发器复位，进而关断开关管 S；同时，使得积分器复位，为下一个开关周期做准备。

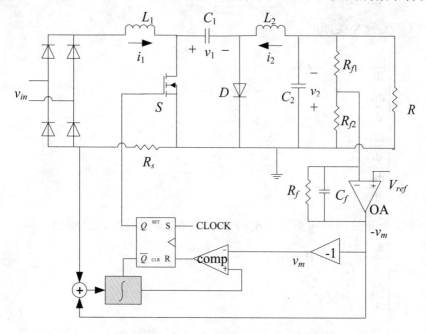

图 6.1 单周期控制 Cuk 功率因数校正变换器

Fig. 6.1 One-cycle controlled Cuk Power-Factor-Correction converter

对此变换器的快时标不稳定现象，可以采用离散模型进行分析。由于变换器的输入为整流后的交流电，其值时刻在变化，所以可以预计，和其他控制方式的功率因数校正变换器类似，在一个交流电压周期内，部分时间变换器稳定运行，其他时间则会出现分岔和混沌现象。由于本文分析的是此变换器中的慢时标分岔，所以首先尝试利用平均模型来进行分析，采用的方法是双平均方法。

首先，进行第一次平均，分析一个开关周期内的工作状况。
当开关管 S 导通时

$$\begin{cases} \dfrac{di_1}{dt} = \dfrac{v_{in}}{L_1} \\ \dfrac{di_2}{dt} = \dfrac{1}{L_2}(v_1 - v_2) \\ \dfrac{dv_1}{dt} = -\dfrac{i_2}{C_1} \\ \dfrac{dv_2}{dt} = \dfrac{1}{C_2}\left(i_2 - \dfrac{v_2}{R}\right) \end{cases} \quad (6.2)$$

当开关管 S 关断时

$$\begin{cases} \dfrac{di_1}{dt} = \dfrac{1}{L_1}(v_{in} - v_1) \\ \dfrac{di_2}{dt} = -\dfrac{v_2}{L_2} \\ \dfrac{dv_1}{dt} = \dfrac{i_1}{C_1} \\ \dfrac{dv_2}{dt} = \dfrac{1}{C_2}\left(i_2 - \dfrac{v_2}{R}\right) \end{cases} \quad (6.3)$$

在一个开关周期内对式（6.2）和式（6.3）进行平均，得到

$$\begin{cases} \dfrac{di_1}{dt} = \dfrac{1}{L_1}(v_{in} - (1-d)v_1) \\ \dfrac{di_2}{dt} = \dfrac{1}{L_2}(dv_1 - v_2) \\ \dfrac{dv_1}{dt} = \dfrac{1}{C_1}((1-d)i_1 - di_2) \\ \dfrac{dv_2}{dt} = \dfrac{1}{C_2}\left(i_2 - \dfrac{v_2}{R}\right) \end{cases} \quad (6.4)$$

式（6.4）表示的是功率级电路的平均模型。这里，还需要把占空比 d 用其他变量来表示。在式（6.1）中，由于在一个开关周期内 v_m 可以当成一个恒值，所以，可以把式（6.1）写成

$$(v_m + i_1 R_s)d = v_m \quad (6.5)$$

因此，占空比 d 可以表示成

$$d = \frac{v_m}{v_m + i_1 R_s} \quad (6.6)$$

把式（6.6）代入式（6.4）中，得到

$$\begin{cases} \dfrac{di_1}{dt} = \dfrac{1}{L_1}\left(v_{in} - \left(1 - \dfrac{v_m}{v_m + i_1 R_s}\right)v_1\right) \\ \dfrac{di_2}{dt} = \dfrac{1}{L_2}\left(\dfrac{v_m}{v_m + i_1 R_s}v_1 - v_2\right) \\ \dfrac{dv_1}{dt} = \dfrac{1}{C_1}\left(\left(1 - \dfrac{v_m}{v_m + i_1 R_s}\right)i_1 - \dfrac{v_m}{v_m + i_1 R_s}i_2\right) \\ \dfrac{dv_2}{dt} = \dfrac{1}{C_2}\left(i_2 - \dfrac{v_2}{R}\right) \end{cases} \quad (6.7)$$

式（6.7）中包含的变量为 i_1、i_2、v_1、v_2 和 v_m，这样，还需要通过建立控制电路的模型来描述 v_m 的变化情况。从图 6.1 所示的控制电路可以看出，v_m 满足下列微分方程

$$\frac{dv_m}{dt} = -\frac{1}{R_f C_f}v_m - \frac{1}{R_{f1} C_f}v_2 - \left(\frac{1}{R_f C_f} + \frac{1}{R_{f1}} + \frac{1}{R_{f2}}\right)\frac{1}{C_f}V_{ref} \quad (6.8)$$

因此，图 6.1 所示变换器可以用式（6.7）和式（6.8）组成的方程组来描述其慢时标行为。对于包含 5 个变量的这个方程组，分析起来很繁琐，其实，还可以根据电路的运行原理对此式进行简化。

首先，和平均电流模式控制的 Boost 功率因数校正变换器一样，可以对式（6.7）的各项按照能量平衡的原理进行处理[134]，也就是分析各个电感和电容在一个周期内的储能变化情况。从变换器运行原理可知，输入功率和各个电感、电容储能以及输出功率之和应该为零。因此有

$$\begin{cases} L_1 i_1 \dfrac{di_1}{dt} = v_{in} i_1 - \left(1 - \dfrac{v_m}{v_m + i_1 R_s}\right)v_1 i_1 \\ L_2 i_2 \dfrac{di_2}{dt} = \dfrac{v_m}{v_m + i_1 R_s}v_1 i_2 - v_2 i_2 \\ C_1 v_1 \dfrac{dv_1}{dt} = \left(1 - \dfrac{v_m}{v_m + i_1 R_s}\right)v_1 i_1 - \dfrac{v_m}{v_m + i_1 R_s}v_1 i_2 \\ C_2 v_2 \dfrac{dv_2}{dt} = v_2 i_2 - v_2 \dfrac{v_2}{R} \end{cases} \quad (6.9)$$

方程组（6.9）中各式两边相加得到

$$C_1 v_1 \frac{dv_1}{dt} + C_2 v_2 \frac{dv_2}{dt} + L_1 i_1 \frac{di_1}{dt} + L_2 i_2 \frac{di_2}{dt} = v_{in} i_1 - v_2 \frac{v_2}{R} \qquad (6.10)$$

由于式（6.8）表示的是 v_2 和 v_m 的关系，而式（6.10）中又包含了 i_1、i_2 和 v_1，因此应该找出 i_1、i_2、v_1 和 v_2 的关系，从而简化分析。

文献[74]指出，当电路处于稳定运行状态时，在一个开关周期内，电感 L_1 的能量变化可以忽略；同样地，由于 L_2 的运行原理和 L_1 一样，因此，在一个开关周期内，电感 L_2 的能量变化也可以忽略，即

$$L_1 i_1 \frac{di_1}{dt} = L_2 i_2 \frac{di_2}{dt} = 0 \qquad (6.11)$$

因此，可以得到

$$C_1 v_1 \frac{dv_1}{dt} + C_2 v_2 \frac{dv_2}{dt} = v_{in} i_1 - v_2 \frac{v_2}{R} \qquad (6.12)$$

根据 Cuk 变换器工作原理，有

$$\frac{v_2}{v_{in}} = \frac{d}{1-d} \qquad (6.13)$$

而且 v_1 和 v_2 满足

$$v_1 = v_{in} + v_2 \qquad (6.14)$$

另一方面，从变换器运行原理可知

$$i_1 = \frac{v_{in} v_m}{v_2 R_s} \qquad (6.15)$$

从式（6.12）、式（6.14）和式（6.15）可以得到

$$(C_1 + C_2) v_2 \frac{dv_2}{dt} + C_1 v_2 \frac{dv_{in}}{dt} + C_1 v_{in} \frac{dv_2}{dt} + C_1 v_{in} \frac{dv_{in}}{dt} = v_{in}^2 \frac{v_m}{v_2 R_s} - \frac{v_2^2}{R} \qquad (6.16)$$

这样，从式（6.8）和式（6.16）就可以得到描述单周期控制 Cuk 功率因数校正变换器慢时标行为的模型如下：

$$\begin{cases} (C_1 + C_2) v_2 \dfrac{dv_2}{dt} + C_1 v_{in} \dfrac{dv_2}{dt} = v_{in}^2 \dfrac{v_m}{v_2 R_s} - \dfrac{v_2^2}{R} - C_1 v_2 \dfrac{dv_{in}}{dt} - C_1 v_{in} \dfrac{dv_{in}}{dt} \\ \dfrac{dv_m}{dt} = -\dfrac{1}{R_f C_f} v_m - \dfrac{1}{R_{f1} C_f} v_2 - \left(\dfrac{1}{R_f C_f} + \left(\dfrac{1}{R_{f1}} + \dfrac{1}{R_{f2}} \right) \dfrac{1}{C_f} \right) V_{ref} \end{cases} \qquad (6.17)$$

值得指出的是，在式（6.17）中，$v_{in} = \sqrt{2} V_{in} |\sin(\omega_l t)|$。如果按照第 4、5 章的方法进行二次平均，就需要对式（6.17）中的变量 v_2 和 v_m 进行傅里

叶分析。这里按照两种情况分析。

第一种情况考虑文献[134]中提出的 Neimark-Sacker 分岔。由于正常工作状态下，v_2 和 v_m 工作周期与交流电整流波形周期一样，即 $\frac{\pi}{\omega_l}$，而在变换器出现 Neimark-Sacker 分岔时，其周期仍为 $\frac{\pi}{\omega_l}$，因此在进行傅里叶分析时，应当选取周期为 $\frac{\pi}{\omega_l}$，即把任意信号 $u(t)$ 分解成

$$u(t) = u_0 + \sum \left(u_k e^{jk2\omega_l t} + \left(u_k e^{jk2\omega_l t} \right)^* \right) \quad (6.18)$$

其中

$$u_k = \frac{\omega_l}{\pi} \int_{t-\frac{\pi}{\omega_l}}^{t} u(\tau) \exp(-jk2\omega_l \tau) d\tau \quad (6.19)$$

考虑式（6.17）中的 $\frac{C_1 v_{in} dv_2}{dt}$ 的分解，应该根据下式

$$\begin{aligned}
\left[u \sin(\omega_l t) \right]_k &= \frac{\omega_l}{\pi} \int_{t-\frac{\pi}{\omega_l}}^{t} u(\tau) \frac{\exp(j\omega_l \tau) - \exp(-j\omega_l \tau)}{2j} \exp(-jk2\omega_l \tau) d\tau \\
&= \frac{1}{2j} \left\{ \begin{array}{l} \frac{\omega_l}{\pi} \int_{t-\frac{\pi}{\omega_l}}^{t} u(\tau) \exp\left(-j\left(k - \frac{1}{2} \right) 2\omega_l \tau \right) d\tau \\ + \frac{\omega_l}{\pi} \int_{t-\frac{\pi}{\omega_l}}^{t} u(\tau) \exp\left(-j\left(k + \frac{1}{2} \right) 2\omega_l \tau \right) d\tau \end{array} \right\} \\
&= \frac{1}{2j} \left[u_{k-1/2} + u_{k+1/2} \right] \quad (6.20)
\end{aligned}$$

可以看到，和前面的分析过程不同的是，这里出现了 $\frac{u_{k-1}}{2}$ 和 $\frac{u_{k+1}}{2}$。

第二种情况考虑慢时标倍周期分岔。分析这种分岔需要在进行傅里叶分析时选取周期为 $\frac{2\pi}{\omega_l}$，在式（6.17）中要对 v_{in} 的导数进行分解，这个导数为不连续函数，分解时无法写成类似式（6.20）的形式。这是 Boost 功率因数校正变换器和 Cuk 功率因数校正变换器的差异。

对于上述两种情况，目前变换器领域尚无相应的分析方法，因此，无法用式（6.17）的平均模型来分析 Neimark-Sacker 分岔或慢时标倍周期分岔。比较可行的途径是采用文献[134]中的方法，即用谐波平衡法来求得变换器的周期平衡解的近似表达式，再用 Floquet 理论对此周期平衡解进行稳定性分析，通过判断特征根的变化来预测可能出现的分岔。这里用这种

方法来预测慢时标倍周期分岔和主要电路参数的稳定性边界。

在式（6.17）中，第一个方程是非线性方程，第二个是线性方程。从第二个方程可以得到

$$v_2 = -R_{f1}C_f \frac{dv_m}{dt} - \frac{R_{f1}}{R_f}v_m - \left(\frac{R_{f1}}{R_f} + \left(\frac{1}{R_{f1}} + \frac{1}{R_{f2}}\right)R_{f1}\right)V_{ref} \quad (6.21)$$

$$= a\dot{v}_m + bv_m + c$$

把式（6.21）代入（6.17）的第一个方程，得到关于 v_m 的非线性方程如下：

$$(C_1+C_2)(a\dot{v}_m+bv_m+c)(a\ddot{v}_m+b\dot{v}_m)+C_1v_{in}(a\ddot{v}_m+b\dot{v}_m)+C_1v_m\dot{v}_{in}+C_1(a\dot{v}_m+bv_m+c)\dot{v}_{in}$$

$$= v_{in}^2 \frac{v_m}{(a\dot{v}_m+bv_m+c)R_s} - \frac{(a\dot{v}_m+bv_m+c)^2}{R} \quad (6.22)$$

由于变换器稳定工作时各状态变量周期为 $\frac{\pi}{\omega_l}$，所以用谐波平衡法求式（6.22）的周期平衡解的近似表达式时，把 v_m 以傅里叶级数表示，其基波频率应为 $2\omega_l$，如下：

$$v_m = a_0 + \sum_{n=1}^{N}\left[a_n\cos(n2\omega_l t) + b_n\sin(n2\omega_l t)\right] \quad (6.23)$$

此处取 $N=2$，那么有

$$v_m = a_0 + a_1\cos(2\omega_l t) + b_1\sin(2\omega_l t) + a_2\cos(4\omega_l t) + b_2\sin(4\omega_l t)$$

$$\dot{v}_m = -2\omega_l a_1\sin(2\omega_l t) + 2\omega_l b_1\cos(2\omega_l t) - 4\omega_l a_2\sin(4\omega_l t) + 4\omega_l b_2\cos(4\omega_l t)$$

$$\ddot{v}_m = -4\omega_l^2 a_1\cos(2\omega_l t) - 4\omega_l^2 b_1\sin(2\omega_l t) - 16\omega_l^2 a_2\cos(4\omega_l t) - 16\omega_l^2 b_2\sin(4\omega_l t)$$

把这几个表达式代入式（6.22），使用谐波平衡法就可以得到 v_m 以及其他变量的近似表达式。利用 Floquet 理论来分析这些周期平衡解的稳定性时，需要对式（6.7）和式（6.8）组成的方程组进行线性化。可以得到在平衡解处的 Jacobian 矩阵 $J_{5\times 5}$ 的各项为

$$J_{11}=\frac{-v_1 v_m R_s}{(v_m+i_1 R_s)^2 L_1},\quad J_{12}=0,\quad J_{13}=\frac{1}{L_1}\left(\frac{v_m}{v_m+i_1 R_s}-1\right),\quad J_{14}=0,$$

$$J_{15}=\frac{i_1 v_1 R_s}{(v_m+i_1 R_s)^2 L_1},\quad J_{21}=\frac{-v_1 v_m R_s}{(v_m+i_1 R_s)^2 L_2},\quad J_{22}=0,\quad J_{23}=\frac{1}{L_2}\frac{v_m}{v_m+i_1 R_s},$$

$$J_{24}=-\frac{1}{L_2},\quad J_{25}=\frac{i_1 v_1 R_s}{(v_m+i_1 R_s)^2 L_2},\quad J_{31}=\frac{i_2 v_m R_s + 2i_1 v_m R_s + R_s^2 i_1^2}{(v_m+i_1 R_s)^2 C_1},$$

$$J_{32} = \frac{-1}{C_1} \frac{v_m}{v_m + i_1 R_s}, \quad J_{33} = 0, \quad J_{34} = 0, \quad J_{35} = \frac{-i_2 i_1 R_s - R_s i_1^2}{(v_m + i_1 R_s)^2 C_1}, \quad J_{41} = 0,$$

$$J_{42} = \frac{1}{C_2}, \quad J_{43} = 0, \quad J_{44} = \frac{-1}{RC_2}, \quad J_{45} = 0, \quad J_{51} = J_{52} = J_{53} = 0, \quad J_{54} = \frac{-1}{R_{f1}C_f},$$

$$J_{55} = \frac{-1}{R_f C_f}。$$

根据文献[134]中的方法，把 $\left[0, \frac{2\pi}{\omega}\right]$ 区间分成 N_T 个子区间。那么系统的转移矩阵为

$$H = \prod_{k=1}^{N_T} \left[I + \sum_{i=1}^{N_e} \frac{(J_k \cdot \Delta_T)^i}{i!} \right] \quad (6.24)$$

其中，$J_k = \frac{1}{\Delta_T} \int_{t_k}^{t_{k+1}} J \mathrm{d}t$ 为近似值。

求取了转移矩阵 J 的特征根就可以判断系统发生的分岔类型。

6.3 单周期控制 Cuk 功率因数校正变换器分岔现象

在未另外说明时，本节所采用的电路参数如表 6.1 所示。在此情况下，变换器波形如图 6.2 所示。可以看到，各变量的频率都是 $2\omega_l$，变换器稳定工作。输入电流和交流电同相位。电容 C_1 电压和分析的一致。

表 6.1　单周期控制 Cuk 功率因数校正变换器电路参数
Table 6.1　Parameter values used in the One-cycle controlled Cuk PFC converter

参数名称	参数值	参数名称	参数值
V_{in}	70 V	R_f	32.3 kΩ
ω_l	100π rad/s	C_f	330 nF
L_1	2.5 mH	V_{ref}	−2.8 V
L_2	3 mH	R_s	0.5 Ω
C_1	0.5 μF	R (load)	1 000 Ω
C_2	60 μF	R_{f1}	510 kΩ
R_{f2}	14.16 kΩ		

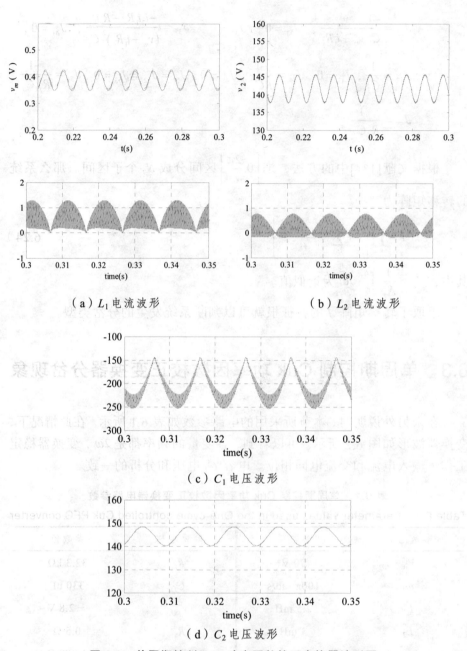

图 6.2　单周期控制 Cuk 功率因数校正变换器波形图

Fig. 6.2　Simulation waveforms of the One-cycle controlled Cuk PFC converter
（a）inductor current i_1　（b）inductor current i_2　（c）capacitor voltage v_1
（d）capacitor voltage v_2

如果将电容 C_2 减小到 30 μF，则变换器波形如图 6.3 所示。此时，各变量的频率为 ω_l，和交流电频率相同，变换器出现慢时标倍周期分岔，器件承受的电压应力和电流应力比没有分岔时要大。

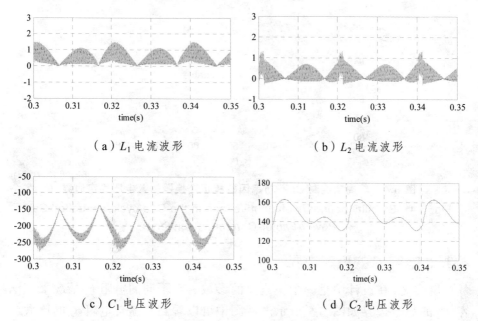

图 6.3　单周期控制 Cuk 功率因数校正变换器波形图

Fig. 6.3　Simulation waveforms of the One-cycle controlled Cuk PFC converter
（a） inductor current i_1　（b） inductor current i_2　（c） capacitor voltage v_1
（d） capacitor voltage v_2

这里给出输入电压、电阻 R_f、电阻 R_2 和电容 C_2 这几个主要参数的稳定边界，分析单周期控制 Cuk 功率因数校正变换器的特点。

6.3.1　输入电压的稳定边界

在不同的电阻 R_f 情况下，输入电压的稳定边界如图 6.4 所示，曲线之上表示变换器稳定。随着电阻 R_f 的增大，为了使变换器稳定，需要输入电压也增大。由于图中的稳定边界是在其他参数未改变，即变换器输出电压未改变的情况下测得的，这意味着输入电压必须大于某个值，变换器才能稳定。这和 Boost 功率因数校正变换器不同，在 Boost 功率因数校正变换器中，输入电压小于边界曲线，变换器才稳定。

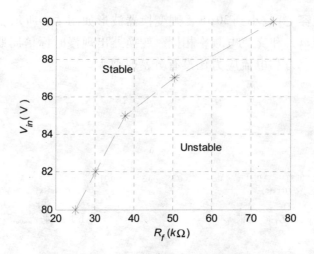

图 6.4　单周期控制 Cuk 功率因数校正变换器输入电压稳定边界

Fig. 6.4　Stability boundary of input voltage in the One-cycle controlled Cuk Power-Factor-Correction converter

6.3.2　电容 C_2 的稳定边界

电容 C_2 在设计中是一个很重要的参数,在不同的电阻 R_f 情况下,电容 C_2 的稳定边界如图 6.5 所示。从图中可以看到,随着电阻 R_f 的增大,输出电容 C_2 需要增大才能使得变换器稳定工作。这和前面分析的 Boost 功率因数校正变换器很类似。

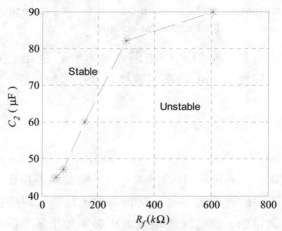

图 6.5　单周期控制 Cuk 功率因数校正变换器输出电容 C_2 稳定边界

Fig. 6.5　Stability boundary of output capacitor C_2 in the One-cycle controlled Cuk Power-Factor-Correction converter

6.3.3 电阻 R_{f2} 的稳定边界

电阻 R_{f1} 和 R_{f2} 构成了分压采样电路，R_{f2} 的大小决定了采样值的大小，即输出电压的大小。图 6.6 所示为 R_{f2} 变化时，为使变换器稳定所需的电容 C_2 的值。R_{f2} 越大，意味着输出电压越小，所需要的电容 C_2 的值越大。

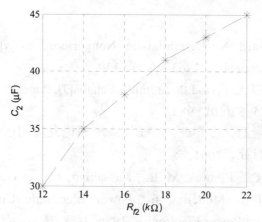

图 6.6 单周期控制 Cuk 功率因数校正变换器采样电阻 R_{f2} 稳定边界

Fig. 6.6 Stability boundary of resistor R_{f2} in the One-cycle controlled Cuk Power-Factor-Correction converter

6.4 本章小结

本章分析了单周期控制 Cuk 功率因数校正变换器的稳定性，和 Boost 变换器相比，Cuk 功率因数校正变换器是一个高阶系统。由于各变量之间的耦合程度比 Boost 变换器要大得多，所以它表现出来的行为比 Boost 变换器要复杂。本章建立了单周期控制 Cuk 功率因数校正变换器的平均模型，分析了此模型和 Boost 功率因数校正变换器平均模型的不同之处。给出了多个参数的稳定边界，这些边界对于设计变换器有指导作用。

参考文献

[1] Lorenz, Edward N. Deterministic Nonperiodic Flow[J]. Journal of Atmospheric Sciences, 1963, 20(2) : 130.

[2] Li T Y, Yorke J A. Period three implies chaos[J]. American Mathematical Monthly, 1975, 82(10) : 985.

[3] 曹建福，韩崇昭，方洋旺. 非线性系统理论及应用[M]. 西安：西安交通大学出版社，2001.

[4] Verghese, G. C. , Elbuluk, M. E. , Kassakian, J. G. A General Approach to Sampled-Data Modeling for Power Electronic Circuits[J]. IEEE Transactions on Power Electronics, 1986, 1(2): 76.

[5] Bernardo M D, Vasca F. Discrete-time maps for the analysis of bifurcations and chaos in DC/DC converters[J]. IEEE Transactions on Circuits and Systems—I, 2000, 47(2): 130.

[6] Brockett W R, Wood J R. Understanding power converter chaotic behavior mechanism in protective and abnormal modes[C]. Proceedings of Powercon 11, 1984: 1.

[7] Hamill D C, Jefferies D J. Subharmonics and chaos in a controlled switched mode power converter[J]. IEEE Transactions on Circuits and Systems—I, 1988, 35(3): 1059.

[8] Tse C K. Flip Bifurcation and Chaos in Three-State Boost Switching Regulators[J]. IEEE Transactions on Circuits and Systems—I, 1994, 41(1): 16.

[9] Tse C K. Chaos from a buck switching regulator operating in discontinuous mode[J]. International Journal of Circuit Theory and Applications, 1994, 22(4): 263.

[10] Chan W Y , Tse C K. Study of Bifurcations in Current-Programmed DC-DC Boost Converters: From Quasi-Periodicity to Period-Doubling[J]. IEEE Transactions on Circuits and Systems—I, 1997, 44(12): 1129.

[11] Chan, W. Y., Tse, C. K. Bifurcation in current-programmed dc/dc buck switching regulators-conjecturing a universal bifurcation path[J]. International Journal of Circuit Theory and Applications, 1998,26(2): 127.

[12] Banerjee, S. Coexisting Attractors,Chaotic Saddles,and Fractal Basins in a Power Electronic Circuit[J]. IEEE Transactions on Circuits and Systems—I, 1997, 44(9): 847.

[13] Banerjee, S., Chakrabarty, K. Nonlinear Modeling and Bifurcations in the Boost Converter[J]. IEEE Transactions on Power Electronics, 1998, 13(2): 252.

[14] Bernardo, M. D., Garofalo, F., Glielmo, L., et al. Switchings, Bifurcations, and Chaos in DC-DC Converters[J]. IEEE Transactions on Circuits and Systems—I, 1998, 45(2): 133.

[15] Bernardo, M. D., Garofalo, F., Glielmo, L., et al. Quasi-Periodic behaviors in DC-DC converters[C]. IEEE Power Electronics Specialists Conference, 1996:1376.

[16] Bernardo, M. D., Fossas, E. Secondary bifurcation and high periodic orbits in voltage controlled buck converter[J]. International Journal of Bifurcation and Chaos, 1997, 7(12): 2755.

[17] Maity S, Tripathy D, Bhattacharya T K, Banerjee S. Bifurcation Analysis of PWM-1 Voltage-Mode-Controlled Buck Converter Using the Exact Discrete Model[J]. IEEE Transactions on Circuits and Systems-I, 2007, 54(5):1120.

[18] Yuan, G. H., Banerjee, S., Ott, E., et al. Border Collision Bifurcation in the Buck Converter[J]. IEEE Transactions on Circuits and Systems-I, 1998, 45(7):707.

[19] Banerjee, S., Grebogi, C. Border Collision Bifurcations in Two Dimensinal Piecewise Smooth Maps[J]. Physical Review E, 1999, 59(4): 4052.

[20] Banerjee, S., Ranjan, P., Grebogi, C. Bifurcation in two dimensional piecewise smooth maps- theory and applications in switching circuits[J]. IEEE Transactions on Circuits and Systems-I, 2000, 47(5):633.

[21] Maggio, G. M., Bernardo, M. D., Kennedy, M. P. Nonsmooth bifurcations

in a piecewise linear model of the colpitts oscillator[J]. IEEE Transactions on Circuits and Systems-I, 2000, 47(8):1160.

[22] Zhusubaliyev, Z. T. , Soukhoterin, E. A. , Mosekilde, E. Quasi-Periodicity and Border-Collision Bifurcations in a DC-DC Converter with Pulsewidth Modulation[J]. IEEE Transactions on Circuits and Systems-I, 2003, 50(8):1047.

[23] Ma, Y. , Tse, C. K. , Kousaka, T. , et al. A subtle link in switched dynamical systems: saddle-node bifurcation meets border collision[C]. IEEE International Symposium on Circuits and Systems, 2005:6050.

[24] Ma, Y. , Tse, C. K. , Kousaka, T. , et al. Connecting Border Collision with Saddle-Node Bifurcation in Switched Dynamical Systems[J]. IEEE Transactions on Circuits and Systems-II, 2005, 52(9):581.

[25] Dai, D. , Tse, C. K. Symbolic Analysis of Bifurcation in Switching Power Converters: A Novel Method for Detecting Border Collision[C]. Internaitonal Workshop on Nonlinear Circuit and Signal Processing, 2004:519.

[26] Tse, C. K., Dai, D., Ma, X. K. Symbolic analysis of bifurcation in switching power converters: a practical alternative viewpoint of border collision[J]. International Journal of Bifurcation and Chaos, 2005, 15(7): 2263.

[27] Robert, B., Robert, C. Border Collision Bifurcations in a One-Dimensional Piecewise Smooth Map for a PWM Current-Programmed H-Bridge Inverter. International Journal of Control, 2002, 75(16,17): 1356.

[28] Zhusubaliyev, Z. T. , Soukhoterin, E. A. ,Mosekilde, E. Border-collision bifurcations on a two-dimensional torus[J]. Chaos, Solitons and Fractals, 2002, 13:1889.

[29] 李明，马西奎，戴栋等. 基于符号序列描述的一类分段光滑系统中的分岔现象与混沌分析[J]. 物理学报，2005，54（3）：1084.

[30] Aroudi, A. E., Olivar, G., Benadero, L., et al. Hopf bifurcation and chaos from torus breakdown in a PWM voltage-controlled dc-dc boost converter[J]. IEEE Transactions on Circuits and Systems-I, 1999, 46(11): 1374.

[31] Aroudi, A. E., Leyva, R. Quasi-periodic route to chaos in a PWM voltage-Controlled dc-dc boost converter[J]. IEEE Transactions on Circuits and Systems-I, 2001, 48(8):967.

[32] 刘健, 王媛彬. PWM 开关 DC-DC 变换器的低频波动[J]. 中国电机工程学报, 2004, 24（4）: 174.

[33] 张波, 齐群. PWM Buck 变换器不同工作方式下的次谐波和混沌行为[J]. 中国电机工程学报, 2002, 22（10）: 18.

[34] 曲颖, 张波. 电压控制型 Buck 变换器 DCM 的精确离散模型及分岔稳定性研究[J]. 电子学报, 2002, 30（8）: 1253.

[35] 张波, 曲颖. Buck DC/DC 变换器分岔和混沌的精确离散模型及其实验研究[J]. 中国电机工程学报, 2003, 23（12）: 99.

[36] 周宇飞, 陈军宁, 徐超. 开关变换器中吸引子共存现象的仿真与实验研究[J]. 中国电机工程学报, 2005, 25（21）: 30.

[37] 赵益波, 罗晓曙, 等. 电压反馈型 DC-DC 变换器的稳定性研究[J]. 物理学报, 2005, 54（11）: 5022.

[38] 戴栋, 马西奎, 李小峰. 一类具有两个边界的分段光滑系统中边界碰撞分岔现象及混沌[J]. 物理学报, 2003, 52（11）: 2729.

[39] 张波. 电力电子变换器非线性混沌现象及其应用研究[J]. 电工技术学报, 2005, 20（12）: 1.

[40] 张波. 电力电子学亟待解决的若干基础问题探讨[J]. 电工技术学报, 2006, 21（3）: 24.

[41] 马西奎, 李明, 戴栋, 等. 电力电子电路与系统中的复杂行为研究综述[J]. 电工技术学报, 2006, 21（12）: 1.

[42] 杨宇, 马西奎. 输出电压纹波对电流型 Boost 变换器稳定性的影响[J]. 中国电机工程学报, 2007, 27（28）102.

[43] 杨宇, 马西奎, 赵世平. 电流型 Cuk 变换器稳定运行的参数域预测[J]. 中国电机工程学报, 2007, 27（16）: 78.

[44] 刘芳, 张浩. 电压型 SEPIC 变换器中的分岔行为与低频振荡现象分析[J]. 电工技术学报, 2008, 23（6）: 54.

[45] 刘芳, 张浩, 马西奎. 电流型单端初级电感变换器中分岔行为与稳定性[J]. 电工技术学报, 2007, 22（9）: 86.

[46] 刘芳. 电流型单端初级电感变换器的不稳定性与分岔控制[J]. 西安交通大学学报, 2007, 41（12）: 1465.

[47] 张笑天, 马西奎, 张浩. 数字控制 DC-DC Buck 变换器中低频振荡现象分析[J]. 物理学报, 2008, 57 (10): 6174.

[48] 杨宇. Cuk 变换器中的复杂行为分析及其控制[D]. 西安: 西安交通大学, 2007.

[49] 刘芳. 单端初级电感变换器 (SEPIC) 中复杂动力学行为研究[D]. 西安: 西安交通大学, 2008.

[50] Alfayyoumi, M., Nayfeh, A. H., Borojevic, D. Modeling and analysis of switching mode DC-DC regulators[J]. International Journal of Bifurcation and Chaos, 2000, 10(2): 373.

[51] Iu, H. H. C., Tse, C. K. Study of low-frequency bifurcation phenomena of a parallel-connected boost converter system via simple averaged models[J]. IEEE Transactions on Circuits and Systems-I, 2003, 50(5): 679.

[52] Iu, H. H. C., Tse, C. K. Bifurcation behavior of parallel connected buck converter[J]. IEEE Transactions on Circuits and Systems-I, 2001, 48(2): 233.

[53] Iu, H. H. C., Tse, C. K., Lai, Y. M. Effects of interleaving on the bifurcation behavior of paralle-connected buck converters[C]. IEEE International Conference on Industrial Technology, 2002: 1072.

[54] Iu, H. H. C., Tse, C. K., Dranga, O. Comparative study of bifurcation in single and parallel-connected buck converters under current-mode control: disappearance of period-doubling[J]. Circuits, Systems and Signal Processing, 2005, 24(2):201.

[55] Mazumder, S. K. Stability Analysis of Parallel DC-DC Converters[J]. IEEE Transactions on Aerospace and Electronic Systems, 2006, 42(1): 50.

[56] 吴俊娟, 邬伟扬, 孙孝峰. 并联 Buck 变换器中的混沌研究[J]. 中国电机工程学报, 2005, 25 (11): 51.

[57] 陈明亮, 马伟明. 多级并联电流型反馈 DC-DC 升压变换器中的分岔与混沌[J]. 中国电机工程学报, 2005, 25 (6): 67.

[58] Banerjee S, Verghese G C. Nonlinear Phenomena in Power Electronics[M]. Hoboken, NJ: John Wiley & Sons, 2001.

[59] Tse C K. Complex behavior of switching power converters[M]. Boca

Raton: CRC Press LLC, 2004.

[60] Zhusubaliyev, Z. T., Mosekilde, E. Bifurcations and Chaos in Piecewise-Smooth Dynamical Systems[M]. Singapore: World Scientific, 2003.

[61] Benadero, L., Aroudi, A. E. Bifurcations in dc-dc switching converters: review of methods and applications[J]. International Journal of Bifurcation and Chaos, 2005, 15(5): 1549.

[62] Chen, Y. F, Tse, C. K. Qiu, S. S., Lindenmüller, L., Schwarz, W. Coexisting Fast-Scale and Slow-Scale Instabilityin Current-Mode Controlled DC/DC Converters: Analysis, Simulation and Experimental Results[J]. IEEE Transactions on Circuits and Systems-I, 2008, 55(10): 3335.

[63] Mazumder, S. K., Nayfeh, A. H., Boroyevich, D. An Investigation Into the Fast- and Slow-Scale Instabilities of a Single Phase Bidirectional Boost Converter[J]. IEEE Transactions on Power Electronics, 2003, 18(4): 1063.

[64] 周国华，许建平，包伯成. 峰值/谷值电流型控制开关 DC-DC 变换器的对称动力学现象分析[J]. 物理学报，2010，59（4）：2272.

[65] Chan, W. C. Study of Chaos in DC/DC Switching Converters[D]. Hong Kong Polytechnic University, 1998.

[66] Iu, H. H. Study of Nonlinear Phenomena in Switching DC/DC Converters. Hong Kong Polytechnic University, 2000.

[67] Mazumder, S. K., Nayfeh, A. H., Boroyevich, D. Theoretical and Experimental Investigation of the Fast- and Slow-Scale Instabilities of a DC-DC Converter[J]. IEEE Transactions on Power Electronics, 2001, 16(2): 201.

[68] 王学梅，张波. H 桥直流斩波变换器边界碰撞分岔和混沌研究[J]. 中国电机工程学报，2009，29（9）：22.

[69] 王学梅，张波，丘东元. H 桥正弦逆变器的快变和慢变稳定性及混沌行为研究[J]. 物理学报，2009，58（4）：2248.

[70] Aroudi, A. El., Rodriguez, E., Orabi, M., Alarcon, E. Modeling of switching frequency instabilities in buck based DC–AC H-bridge inverters[J]. International Journal of Circuit Theory and Applications, 2010, DOI:10.1002/cta.627.

[71] Orabi, M., Nimoniya, T. Nonlinear dynamic of power factor correction converter[J]. IEEE Transactions on Industrial Electronics, 2003, 50(6): 1116.

[72] Iu, H. H. C., Zhou, Y. F., Tse, C. K. Fast-scale instability in a PFC boost converter under average current-mode control[J]. International Journal of Circuit Theory and Applications, 2003, 31(6): 611.

[73] Zhang, H., Ma, X. K., Xue, B. L. et al. Study of intermittent bifurcations and chaos in boost PFC converters by nonlinear discrete models[J]. Chaos, Solitons and Fractals, 2005, 23(2):431.

[74] Wong, S. C., Tse, C. K., Orabi, M., et al. The Method of Double Averaging: An Approach for Modeling Power-Factor-Correction Switching Converters[J]. IEEE Transactions on Circuits and Systems-I, 2006, 53(2): 454.

[75] Zou, J., Ma, X. K., Tse, C. K. et al. Fast-scale bifurcation in power-factor-correction buck-boost converters and effects of incomopatible periodicities[J]. International Journal of Circuit Theory and Applications, 2006, 34(3): 251.

[76] Kolokolov, Yu. V. ; Koschinsky, S. L.; Hamzaoui, A. Comparative study of the dynamics and overall performance of boost converter with conventional and fuzzy control in application to PFC[C]. Power Electronics Specialists Conference, 2004, 2165.

[77] Aroudi, A. El, Orabi, M. , Martinez, L. A Representative Discrete-Time Model for Uncovering Slow and Fast Scale Instabilities in Boost Power Factor Correction AC-DC Pre-Regulators[J]. International Journal of Bifurcation and Chaos, 2008, 18(10): 3073.

[78] Orabi, M.; Ninomiya, T. Numerical and experimental study of instability phenomena of a boost PFC converter[C]. IEEE International Conference on Industrial Technology, 2003: 854.

[79] Mazumder, S. K. ; Nayfeh, A. H. ; Borojevic, D. A novel approach to the stability analysis of boost power-factor-correction circuits[C]. IEEE Power Electronics Specialists Conference, 2001: 1719.

[80] El Aroudi, A.; Martinez-Salamero, L.; Orabi, M.; Ninomiya, T. Investigating stability and bifurcations of a boost PFC circuit under peak

current mode control[C]. IEEE International Symposium on Circuits and Systems, 2005: 2835.

[81] Wu, X. Q. ; Tse, C. K. ; Dranga, O. ; Lu, J. A. Fast-scale instability of single-stage power-factor-correction power supplies[J]. IEEE Transactions on Circuits and Systems-I, 2006, 53(1): 204.

[82] Orabi, M. ; Ninomiya, T. ; Jin, C. F. Novel developments in the study of nonlinear phenomena in power factor correction circuits[C].IECON 02 [Industrial Electronics Society, IEEE 2002 28th Annual Conference of the] : 209.

[83] Ren, H. P.; Jin,C. F. ; Ninomiya, T. Low-frequency bifurcation behaviors of PFC converter[C]. IEEE International Symposium on Circuits and Systems, 2005: 2827.

[84] 邹建龙，马西奎. 级联功率因数校正变换器的级间耦合非线性动力学行为分析[J]. 物理学报，2010，59：3794.

[85] Giaouris, D. , Banerjee S, Zahawi, B. , Pickert, V. Control of fast scale bifurcations in power factor correction converters[J]. IEEE Transactions on Circuits and System—II, 2007; 54(9): 805.

[86] Ke, Y. J. ; Zhou, Y. F. ; Chen, J. N. Control Bifurcation in PFC Boost Converter under Peak Current-Mode Control[C]. CES/IEEE 5th International Power Electronics and Motion Control Conference, 2006: 1.

[87] Chu, G. , Tse, C. K. ,Wong, S. C. Line-Frequency instability of PFC power supplies[J]. IEEE Transactions on Power Electronics, 2009, 24(2): 469.

[88] El Aroudi, A.; Orabi, M. A Harmonic Balance-Based Method for Predicting Line Frequency Instabilities in PFC Converters[C]. International Conference on Electric Power and Energy Conversion Systems, 2009: 1.

[89] El Aroudi, A.; Orabi, M. Control of Oscillations in PFC Power Supplies by Time Delay Feedback[C]. International Conference on Electric Power and Energy Conversion Systems, 2009: 1.

[90] El Aroudi, A.; Orabi, M. Stabilizing Technique for AC–DC Boost PFC Converter Based on Time Delay Feedback[J]. IEEE Transactions on

Circuits and System—II, 2010; 57(1): 56.

[91] El Aroudi, A.; Orabi, M. Dynamics of PFC power converters subject to time-delayed feedback control[J]. International Journal of Circuit Theory and Applications, 2010, DOI:10.1002/cta.703.

[92] Wang, F. Q., Zhang, H., Ma, X. K. Analysis of Slow-Scale Instability in Boost PFC Converter Using the Method of Harmonic Balance and Floquet Theory[J]. IEEE Transactions on Circuits and System—I, 2010; 57(2): 405.

[93] Poddar, G., Chakrabarty, K. Banerjee, S. Experimental control of chaotic behavior of buck converter[J]. IEEE Transactions on Circuits and System—I, 1995; 42(8): 502.

[94] Poddar, G., Chakrabarty, K. Banerjee, S. Control of Chaos in DC-DC Converters[J]. IEEE Transactions on Circuits and System—I, 1998; 45(6): 672.

[95] Zhou, Y. F., Tse, C. K., Qiu, S. S. Applying resonant parametric perturbation to control chaos in the buck dc/dc converter with phase shift and frequency mismatch considerations[J]. International Journal of Bifurcation and Chaos, 2003, 13(11): 3459.

[96] Tse, C. K., Lai, Y. M., Chow, M. H. L. Control of bifurcation in dc/dc converters: an alternative viewpoint of ramp compensation[C]. International Conference on Industrial Electronics Control and Instrumentation, 2000: 2413.

[97] Battle, C., Fossas, E., Olivar, G. Stabilization of Periodic Orbits of the Buck Converter by Time-Delayed Feedback[J]. International Journal of Circuit Theory and Applications, 1999, 27(6): 617.

[98] Iu, H. H. C., Robert, B. Control of chaos in a PWM current-mode H-bridge inverter using time-delayed feedback[J]. IEEE Transactions on Circuits and System—I, 2003; 50(8): 1125.

[99] Fang, C. C., Abed, E. H. Robust feedback stabilization of limit cycles in PWM DC/DC converters[J]. Nonlinear Dynamics, 2002, 27(3):295.

[100] Tse, C. K., Fung, S. C., Kwan, M. W. Experimental confirmation of chaos in a current programmed Cuk converter[J]. IEEE Transactions on Circuits and System—I, 1996; 43(7): 605.

[101] Iu, H. H. C., Tse, C. K. A Study of Synchronization in Chaotic Autonomous Cuk DC/DC Converters [J]. IEEE Transactions on Circuits and System—I, 2000; 47(6): 913.

[102] 高金峰, 吴振军, 赵坤. 混沌调制技术降低 Buck 型变换器电磁干扰水平研究[J]. 电工技术学报, 2003, 18（6）: 23.

[103] 李冠林, 陈希有, 刘凤春. 混沌 PWM 逆变器输出电压功率谱密度分析[J]. 中国电机工程学报, 2006, 26（20）: 79.

[104] Lu, W. G., Zhou, L. W., Luo, Q. M., et al. Filter based non-invasive control of chaos in Buck converter[J]. Physics Letters A, 2008, 372(18): 3217.

[105] Lu, W. G., Zhou, L. W., Luo, Q. M. Dynamic feedback controlling chaos in current-mode boost converter[J]. Chinese Physics Letters, 2007, 24(7): 1837.

[106] Lu, W. G., Zhou, L. W., Luo, Q. M. Notch filter feedback controlling chaos in buck converter[J]. Chinese Physics, 2007, 16(11): 3256.

[107] 卢伟国. 开关功率变换器的混沌控制研究[D]. 重庆:重庆大学,2008.

[108] 罗晓曙, 汪秉宏, 陈关荣, 等. DC-DC Buck 变换器的分岔行为及混沌控制研究[J]. 物理学报, 2003, 52（1）: 12.

[109] 周宇飞, 陈军宁, 谢智刚, 等. 参数共振微扰法在 Boost 变换器混沌控制中的实现及其优化[J]. 物理学报, 2004, 53（11）: 3676.

[110] 李志忠, 丘水生, 陈艳峰. 混沌映射抑制 DC-DC 变换器 EMI 水平的实验研究[J]. 中国电机工程学报, 2006, 26（5）: 76.

[111] 邹艳丽, 罗晓曙, 方锦清, 等. 脉冲电压反馈法控制 Buck 功率变换器中的混沌[J]. 物理学报, 2003, 52（12）: 2978.

[112] Smedley, K. M., Cuk, S. One-Cycle Control of Switching Converters[J]. IEEE Trans. Power Electr. 1995, 10: 625-633.

[113] Smedley, K. M., Cuk, S. Dynamics of One-Cycle Controlled Cuk Converters[J]. IEEE Trans. Power Electr. 1995, 10:634.

[114] Santi, E., Cuk, S. Modeling of one-cycle controlled switching converters [C]. Proc. Telecommunications Energy Conference, Washington, DC 1992, 131.

[115] Fang, C. Sampled-Data modeling and analysis of One-Cycle control and charge control [J]. IEEE Trans. Power Electr. 2001, 16: 345.

[116] Aroudi, A. El, Orabi, M. Stabilizing technique for AC-DC boost PFC converter based on time delay feedback [J]. IEEE Trans. Circuits Syst. II, Exp. Briefs, 2010, 57(1): 56.

[117] Aroudi, A. El, Haroun, R., Cid-Pastor, A., Orabi, M., Martinez-Salamero, L. Notch filtering-based stabilization of PFC AC-DC pre-regulators [C]. 14th International Power Electronics and Motion Control Conference (EPE/PEMC), 2010: T13-22.

[118] Giaouris, D., Banerjee, S., Zahawi, B., Pickert, V. Stability analysis of the continuous-conduction-mode Buck converter via Filippov's method [J]. IEEE Trans. Circuits Syst. I, 2008, 55: 1084.

[119] 王发强, 张浩, 马西奎. 单周控制 Buck 变换器中的降频现象分析[J]. 物理学报, 2008, 57（5）: 2842.

[120] 王发强, 张浩, 马西奎. 单周期控制 Boost 变换器中的低频波动现象分析[J]. 物理学报, 2008, 57（3）: 1522.

[121] Tse, C. K., Lai, Y. M., Iu, H. H. C. Hopf Bifurcation and Chaos in a Free-Running Current-Controlled Cuk Switching Regulator[J]. IEEE Trans. Circuits Syst. I, 2000, 47: 448.

[122] Chen, G., Moiola, J. L., Wang, H. O., Bifurcation control: theories, methods, and applications[J]. Int. J. Bifurc. Chaos, 2000, 10(3): 511.

[123] Wang, H. O., Abed, E. H., Bifurcation control of a chaotic system[J]. Automatica, 1995, 31(9):1213.

[124] Xie, Y., Chen, L., Kang, Y.M., Aihara, K. Controlling the onset of Hopf bifurcation in the Hodgkin–Huxley model[J]. Phys. Rev. E, 2008, 77:061921.

[125] Ding, L., Hou, C. Stabilizing control of Hopf bifurcation in the Hodgkin–Huxley model via washout filter with linear control term[J]. Nonlinear Dyn., 2010, 60: 131.

[126] J. Wang, L. Chen and X. Fei, Analysis and control of the bifurcation of Hodgkin–Huxley model[J]. Chaos, Solitons & Fractals, 2007, 31: 247.

[127] 张浩, 马西奎. 一种基于 Washout Filter 滤波器技术的参数受扰混沌系统的控制[J]. 物理学报, 2003, 52（10）: 2415.

[128] 赵益波, 罗晓曙. 基于 washout 滤波器技术的 Colpitts 振荡器混沌控制研究[J]. 物理学报, 2007, 56（11）: 6258.

[129] 李春来. 永磁同步电动机中基于冲洗滤波技术的混沌控制研究[J]. 物理学报，2009，58（12）：8134.

[130] Dorf R C, Bishop R H 2008 Modern Control Systems 11th ed. (Upper Saddle River: Pearson Education,Inc.) 361.

[131] Wong, S. C., Wu, X., Tse, C. K. Sustained slow-scale oscillation in higher order current-mode controlled converter[J]. IEEE Trans. Circuits Syst. II, 2008, 55(5):489.

[132] Lai, Z., Smedley, K. M. A Family of Continuous-Conduction-Mode Power-Factor-Correction Controllers Based on the General Pulse-Width Modulator[J]. IEEE Trans. Power Electr. 1998, 13: 501.

[133] A. El Aroudi, M. Orabi, R. Haroun, and L. Martínez-Salamero. Asymptotic slow scale stability boundary of PFC AC-DC power converters: theoretical prediction and experimental validation [J]. IEEE Trans. Ind. Electron., to be published.

[134] 张源，张浩，马西奎. 单周期控制 Cuk 功率因数校正变换器中的中尺度不稳定现象分析[J]. 物理学报，2010，59（12）：8432.

[135] Wei Ma, Mingyu Wang, et al. Stabilizing the averaged current mode controlled Boost PFC converter via washout filter aided method. IEEE Transactions on Circuits and SystemsⅡ-EXPRESS BRIEFS, Vol.58 No.9 p. 595, 2011.

[136] Wei Ma, Mingyu Wang, et al. Control of bifurcation in the one-cycle controlled Cuk converter. Nonlinear Dynamics.

[137] 马伟,王明渝. 单周期控制 Boost 变换器 Hopf 分岔控制及电路实现. 物理学报，Vol. 60 No. 10：100202，2011.

[138] 王明渝，马伟. 单周期控制 DC/DC 变换器稳定性分析. 电力电子技术，2011，Vol.45（7）：27.